Osprey DUEL

「オスプレイ "対決" シリーズ」
10

ドイツ仮装巡洋艦
VS
イギリス巡洋艦
大西洋／太平洋1941

[著]
ロバート・フォーチェック
[カラーイラスト]
イアン・パルマー
[訳]
宮永忠将

GERMAN COMMERCE RAIDER VS BRITISH CRUISER
The Atlantic & The Pacific 1941

Text by
ROBERT FORCZYK

大日本絵画

◎本書で使用するヤード・ポンド度量衡
・長さの単位
　マイル（mile）　＝　1.609km
　ヤード（yard）　＝　0.91m
　フィート（feet）　＝　30.48cm
　インチ（inch）　＝　2.54cm
　*12インチ＝1フィート

　ポンド（pound）　＝　453g

◎砲・魚雷の口径換算
　21インチ　＝　53.3cm
　9.2インチ　＝　23.4cm
　8インチ　＝　20.3cm
　6インチ　＝　15.2cm
　4.7インチ　＝　12cm
　4インチ　＝　10.2cm

◎著者紹介
ロバート・フォーチェック　Robert Forczyk
メリーランド州立大学において国際関係および安全保障に関する研究で博士号を取得。ヨーロッパとアジアの軍事史にも造詣が深く、アメリカ陸軍の予備役中佐であり、第2歩兵師団、第4歩兵師団を経て、第29軽歩兵師団の情報将校など、18年間の勤務経験を持つ。

イアン・パルマー　Ian Palmer
3Dデザインの学校を卒業し、優れた技術を持つデジタル・アーティスト。現在はイギリスでゲーム・ディベロッパーとして活躍している。オートバイ、音楽にも造詣が深く、現在はウェスト・ロンドンに妻と3匹の猫と共に居を構えている。

目次
contents

4	はじめに	Introduction
10	年表	Chronology
12	開発と発展の経緯	Design and Development
24	技術的特徴	Techinical Specifications
33	対決前夜	Strategic Situation
39	乗組員	Combatants
47	戦闘開始	Combat
73	統計と分析	Statistics and Analysis
75	戦いの余波	Aftermath
78	参考図書	Further reading

INTRODUCTION
はじめに

「……我、イギリス巡洋艦と交戦状態に入りたり。祖国の栄光と名誉のために戦う。愛すべき者すべてに感謝を込めて」
1917年3月16日、イギリス巡洋艦アキリーズに撃沈された仮装巡洋艦「レオポルト」最後の通信

　イギリスの圧倒的な経済力を支えるのが、世界の海運の半分近くを占める彼の国の海上覇権であることは、20世紀には自明の理となっていた。裏を返せば2万隻を超えるイギリス商船隊こそが、同国の最大の弱点ということにもなる。この貴重な商船隊を潜在的敵勢力の攻撃から守るために、イギリスは海外交易で獲得した莫大な富を投入して、世界最強の海軍を作り上げた。イギリスの海上覇権に挑戦しようとするヨーロッパ競合国の海軍に備えるために、まず本国と地中海に戦艦中心の主力艦隊を置き、世界中に散らばる商船保護の任務には膨大な数の巡洋艦隊があたるというように、イギリスの巨大な海軍は、二本の柱で構成されていた。
　一方、躍進を続けるドイツ帝国[訳註1]は、無数の商船を背景にした通商ネットワークがイギリスのアキレス腱であることを早くから認識し、1895年には保有する客船の一部を改造した通商破壊艦を海軍に加えている。当時のドイツ帝国海軍は、イギリスの遠洋航路に通商破壊を仕掛けるには、大型、高速の外洋船がうってつけであると信じて疑わず、有事の際には様々な種類の民間船を仮装巡洋艦[訳註2]に改装して臨む増強計画を、入念に練り上げていた。しかし、1914年8月に勃発した第1次世界大戦は、海軍にとって晴天の霹靂であり、ただちに作戦行動が可能な通商破壊部隊は、極東を根拠とするグラーフ・マクシミリアン・フォン・シュペー海軍中将麾下の巡洋艦隊の他、カリブ海の「カールスルーエ」、ドイツ領東アフリカの「ケーニヒスベルク」、および北大西洋上の3隻の仮装巡洋艦だけだった。
　それでも、開戦直後の数ヶ月間は、ドイツ海軍の通商破壊艦にとって束の間ながらも黄金時代だった。カールスルーエと（シュペー艦隊から分遣された）軽巡エムデンは、大西洋とインド洋を舞台に、商船40隻、合計14万2,000トンを撃沈している。通商破壊艦のうち2隻は戦果を挙げる前にイギリスの巡洋艦に仕留められてしまったものの、「クロンプリンツ・ウィルヘルム」号は251日間も遊弋して、商船15隻を撃沈している。彼女たちを支援していたのは、中立を守っていた南米を根拠地とするドイツ商船による洋上補給だった。応急的な補給ネットワークだが、ドイツ帝国海軍は通商破壊艦の戦闘力維持に成功している。もっとも、クロンプリンツ・ウィルヘルムを除き、1914年11月中旬までに、作戦中のドイツ通商破壊艦はすべて無力化されたので、イギリス海軍は通商破壊の危機は去ったと信じていた。しかし、これはまだ始まりに過ぎなかったのである。

訳註1：第1次世界大戦で敗れたドイツ帝国の戦後処理を定めたヴェルサイユ講和条約で、新たに誕生したドイツ共和国の海軍は潜水艦保有の禁止、戦艦保有は前ド級戦艦6隻までなど、極めて厳しい制限を強いられることになった。1933年にドイツの政権を握ったヒトラーは、1935年にヴェルサイユ講和条約を破棄して再軍備を開始し、同時に英独海軍協定を締結して、対英35％の戦力を保有する事が認められた。前後して、海軍の名称は共和国海軍〈ライヒスマリーネ〉から戦争海軍〈クリーグスマリーネ〉に改められた。

訳註2：ドイツ語のHilfskreuzerを直訳すると「補助巡洋艦」となるが、本書では通商破壊任務にもっぱら従事していた点を重視して、通例となっている「仮装巡洋艦」の訳語を使用する。なお、第2次世界大戦にドイツ海軍はこの艦種にHandelstörkreuzer（HSK）すなわち「通商破壊巡洋艦」という名称を与え、イギリス海軍はMerchant Raider「襲撃艦」と呼んでいた。また、本書では「通商破壊艦」という訳語も登場する。広義には通商破壊作戦に携わったポケット戦艦やUボートを含む用語であるが、本書では実質的に仮装巡洋艦と同義で用いられている。

1914年8月26日、客船改造の仮装巡洋艦「カイザー・ヴィルヘルム・デア・グロッセ」を撃沈した防護巡洋艦「ハイフライヤー」。同艦は商船保護の目的で20世紀初頭に大量に建造された、典型的な防護巡洋艦で、主缶には石炭専焼缶を用いている。ただし3作戦行動日分しか石炭を積載できず、航続半径は600マイルに抑えられていたため、遠洋航路の防衛には不向きだった（著者所有）。

　緒戦で早々に戦力を喪失した原因の分析は、ドイツ帝国海軍に貴重な教訓を与えた。とりわけ重要なのは、速度や火力よりも、航続距離と耐久性こそが通商破壊艦にとって戦力の下支えになるという事実が判明した事にある。また、名の通った客船を仮装巡洋艦として投入しても、秘匿性と奇襲効果という通商破壊作戦の強みを失うだけという発見もあった。1915年半ばには、北海でのイギリスの哨戒活動が密になりすぎて、通商破壊艦が活動できる余地はなくなってしまった。これを打開するにはまず、ドイツ軍は策略と欺瞞を駆使するより他ない。このような戦術理解の変化を受けて、1915年8月にテオドール・ヴォルフ海軍少尉は、大量の石炭を積載できると同時に、武装の隠蔽も容易な貨物船が、通商破壊艦のベースとして最適であると意見具申している。その2週間後には早くも、海軍参謀部が少尉のアイディアに着目し、新たな通商破壊艦の基本概念として採用した。これが今次大戦はもちろん、来るべき第2次世界大戦におけるドイツ通商破壊艦の下地となるのである。

　1915年12月29日、外見上は何の変哲もない、世界のどの港にも見られる貨物船でありながら、その表情の下に武装を秘匿した新型通商破壊艦、SMS「メーヴェ」がドイツを出航した。メーヴェはフェロー諸島周辺でいとも簡単にイギリスの哨戒艦を出し抜くと、南大西洋に場を移して、3ヶ月間も暴れ回った。イギリスは1ダースを超える巡洋艦を繰り出して同艦を追求したが、努力はすべて空振りに終わっている。1916年にはこれに4隻が追随し、うち2隻——仮装巡洋艦メーヴェおよびヴォルフ——は大西洋上で74隻、合計30万7,519トンを沈めた後、ドイツに凱旋した。1度の航海で3万2,000マイルもの長大な航続距離を可能にするだけの石炭を搭載したヴォルフの場合、喜望峰を周回してインド洋に入り、そこで6隻の商船を拿捕、撃沈した後、太平洋に移動して、さらに5隻を仕留めている。ここに至り、イギリス海軍上層部ははじめて、通商破壊の新たな脅威が世界中に拡散している事実を思い知らされるのである。

第1次世界大戦が勃発した1914年8月の時点で、イギリス海軍は108隻の巡洋艦を保有していたが、うち半分は老朽艦であり、商船保護の任に堪えられる巡洋艦はほんの一握りしかなかった。早々に解決の目処が立たない巡洋艦不足に直面したイギリス海軍の上層部は、民間船を改造した、いわゆる武装商船[訳註3]の充実を急ぎ、これを持って長大な外洋航路の防衛にあたらせようと考えた。武装商船のベースとして好まれたのは、大型、高速の客船で、4.7インチ砲および6インチ砲が備砲として搭載された。この武装商船を中心に編成されたのが第10巡洋艦戦隊（スコードロン）で、北海および北大西洋の防衛を主任務としていた。当時はまだ洋上哨戒に使えるような水上偵察機が存在せず、有効な警報を発する長距離無線を搭載している船もまばらだったため、手持ちの巡洋艦隊には中立港の周辺か、敵艦が給炭艦と落ち合うことが予想される海域をあらかじめ推測して、その周辺を哨戒させる以上に効率的な運用方法は確立できなかった。このような場当たり的な戦術は、1914年のうちこそどうにか機能していたが、1916年に無補給で長期作戦行動が可能な新型仮装巡洋艦が登場すると、戦況の変化に対応できなくなる。仮にイギリス側が通商破壊艦を探り当てても、巧みな欺瞞行動によって臨検を欺くことさえ珍しくなかった。1916年のクリスマス、武装商船「アヴェンジャー」はドイツの仮装巡洋艦「ゼーアドラー」をノルウェー沖で停戦させて、臨検隊を送り込んだ。しかし、彼らは外見に騙されてゼーアドラーが仮装巡洋艦であることを見抜けなかった。それどころか、ドイツ兵の芝居に一杯食わされて同艦がノルウェー船籍の貨物船であると信じ込み、臨検を解いてしまったのである。
　仮装巡洋艦の正体が明らかになったところで、それはそれで別の危険が持ち上がる。1916年2月29日の早朝、武装商船「アルカンタラ」は、イギ

第1次世界大戦における仮装巡洋艦の運用経験は、本書で扱う第2次世界大戦での同任務に対して貴重なひな形となった。例えば仮装巡洋艦「ヴォルフ」の場合、1917年には451日の作戦継続時間を記録し、大西洋、インド洋、そして太平洋と3つの海を股にかけて12万トンの商船を沈めた後、ドイツに凱旋している。

訳註3：イギリスでは徴用した改造商船をArmed Merchant Cruisers（AMC）と呼んでいた。直訳すれば「武装商船巡洋艦」となり、日本では「補助巡洋艦」という訳語をあてるのが一般的だが、「巡洋艦」という用語が頻出する本書では、混乱を避けるために「武装商船」という訳語を使用する。

リス北方、シェトランド諸島沖でノルウェー船籍の貨物船に偽装した仮装巡洋艦「グライフ」と遭遇した。アルカンタラは臨検隊を送るため2,000ヤードまで接近したが、注意を欠いていたという他ない。突如、偽装を解いたグライフは、アルカンタラに向けて15cm砲を放つとともに、魚雷攻撃を仕掛けてきたからだ。この不意打ちでアルカンタラは沈没を避けられなくなったが、沈む直前に放った6インチ砲がグライフに火災を誘発する。グライフの乗組員は艦を放棄せざるを得なくなった。この展開は25年後に巡洋艦シドニーと仮装巡洋艦コルモランの間で行なわれる海戦と類似している。交戦を決意した仮装巡洋艦がどのようにして砲火を開くか、その典型例といえるだろう。

　1914年から1917年の間に、ドイツ帝国海軍は16隻の仮装巡洋艦を準備して、そのうち12隻を通商破壊作戦に投入した。イギリス陣営の商船は鹵獲、撃沈合わせて35万7,000トンの損害を被っている。一方、イギリス海軍は巡洋艦によるもの4隻と、武装商船によるもの2隻、あわせて6隻の仮装巡洋艦を沈めている。とりわけ封鎖線の突破を試みる仮装巡洋艦3隻を撃沈した、北海での哨戒活動は名人芸の域に達している。しかし、ひとたび北海の封鎖線をくぐり抜けてしまった仮装巡洋艦に対しては、ほとんど打つ手はなかったのも事実である。以上の結果を踏まえると、第1次世界大戦におけるイギリス巡洋艦と、ドイツ仮装巡洋艦の対決は、引き分けと見るのが妥当な評価だろう。ところがイギリス海軍本部では通商破壊への対処について、おおむね満足という姿勢でいた。商船を集めて、これに充分な数の巡洋艦を護衛にあてた護送船団(コンボイ)を作ることで、Uボートをはじ

排水量1万4,349トンの堂々たる客船「カイザー・ヴィルヘルム・デア・グロッセ」は、航続時間の短さと、目立ちすぎる4本煙突が徒となって、仮装巡洋艦としての任務に不向きであることが明らかになる。1914年8月、同艦は3隻の給炭艦と合流するために中立国スペインの保有港であるアフリカのリオ・デ・オーロ港に密かに入港したが、イギリス巡洋艦ハイフライヤーの奇襲を受けた。95分間の交戦の末、カイザー・ヴィルヘルム・デア・グロッセは自沈したが、イギリス側は撃沈したと主張している。イギリスは、この時の戦いを北海の封鎖線を突破した通商破壊艦への理想的な対処方法であると見なした。（著者所有）

めとする大概の通商破壊行為を抑制することができたからだ。そして哨戒線を突破した少数の仮装巡洋艦に対しては、遠洋航路の防衛を意識した大型高速巡洋艦の建造で応じることにした。

　第1次世界大戦の教訓は、両陣営をまったく方向性が異なる結論に導いた。ドイツは、仮装巡洋艦の成功を左右する最重要事項は、中立国ないし同盟国の船舶であると敵に信じ込ませる偽装能力であると結論した。そう考えるなら、すでに説明したとおり、通常の軍艦なら期待してしかるべき補給支援を受けない状態でも、本国から離れた遠洋で長期にわたる作戦を遂行できる航続力の大きさが生存条件に影響するのは言うまでもない。一方のイギリスでは、遠洋航路の防衛には武装商船が適任であり、航空機を使った哨戒網を北海上空に張り巡らせることが、通商破壊を防ぐ上でもっとも効果的だと信じるに至った。仮に哨戒線を突破した通商破壊艦が現れても、海外展開している巡洋艦部隊で充分に対処できると考えたのである。だが、哨戒中の巡洋艦が発見した商船が、果たしてどのような正体の船なのかを見分けるシステムの開発には、ほとんど注意を払っていなかった。結果として、仮装巡洋艦の偽装能力——無数の商船に紛れ込む匿名性は、ドイツ側の重要な手札として残されたままとなっている。そして、仮装巡洋艦を追い詰めるのに重要なのは速度や火力ではなく、航続距離の大きさと作戦継続能力であるという点も見落としていたのである。

　戦間期のイギリス海軍本部は、前大戦の経験も踏まえ、遠洋航路を守るのに必要な巡洋艦の数を70隻と見積もっていた。しかし1939年9月に再び世界大戦が勃発した時、海軍は同任務に投入できる巡洋艦を58隻しか保

1929年撮影。当時の最新鋭艦であるケント級重巡洋艦「コーンウォール」。同艦は典型的な条約型巡洋艦であり、就役期間のほとんどを海外拠点で過ごしている。第2次世界大戦勃発時には、第5巡洋艦戦隊旗艦としてシンガポールにあり、1939年から1942年にかけて南大西洋およびインド洋で通商破壊艦の捜索任務にあたっていた。（IWM, FL8535）

訳註4：1939年12月13日、南米のラプラタ河口沖で、ポケット戦艦「アドミラル・グラーフ・シュペー」は、イギリス海軍のG部隊（重巡「エクゼター」、軽巡「エイジャックス」、「アキリーズ」）と交戦し、軽傷を受けてウルグアイのモンテヴィデオ港に逃げ込んだ。しかし、燃料系統の損傷がひどくて逃げ切れないことを悟ったラングスドルフ艦長は、退去期限の12月17日にモンテヴィデオ港沖合で艦を自沈処分した。この時の様子はラジオを通じて世界中に実況中継されている。

訳註5：国防軍の最高指揮権者であるヒトラーは、国防大臣に指揮権を負託する従来の仕組みに変えて、自らが軍の直接指揮を執ることを決め、1938年、ドイツ軍陸海空3軍の指揮系統の頂点に国防軍最高司令部（Ober Komm ando der Wehrmacht：OKW）を設置した。海軍総司令部（Ober Komm ando der Marine：OKM）はOKWの下に入ることになる。この海軍において参謀本部的な役割を担うのが海軍作戦局（Seekriegsleitung：SKL）である。仮装巡洋艦の作戦指示は、もっぱらSKLから出されている。

有していなかった。しかも重巡洋艦は18隻だけで、残りは6インチ砲搭載の軽巡洋艦である。先の大戦の反省もあり、イギリス海軍は1939年9月のうちに護送船団（コンボイ）を組んで戦争に臨んでいる。1939年10月にはドイツ海軍のポケット戦艦「アドミラル・グラーフ・シュペー」が南大西洋で通商破壊を開始したが、イギリス海軍は躊躇の気配さえ見せずに強力な3個捜索グループを派遣し、12月には重巡洋艦隊がグラーフ・シュペーを捕捉。ラプラタ河沖海戦を経て自沈に追い込んでいる [訳註4]。グラーフ・シュペー追撃戦を経験したイギリス海軍は、通商破壊戦におけるドイツの主力は仮装巡洋艦ではなく、従来型の軍艦であるとの想定を強めた。1940年夏までに輸送船団と護衛艦隊を組み合わせた護送船団方式を確立したイギリスは、手持ちの巡洋艦隊によってドイツが挑んで来るであろう通商破壊戦の出足を封じ込められるという自信を深めていた。しかし、その期待は滑稽なほどあっさりと覆されてしまう。

ドイツ側の事情に目を転じてみよう。イギリスによる宣戦布告はベルリンにある海軍作戦局 [訳註5] にこれ以上ない衝撃を与えた。再軍備宣言後、海軍総司令部はバランスのとれた水上部隊の編成を目指して努力を傾けてきたが、戦争が勃発した1939年9月時点でとりうる選択肢は通商破壊しかなかったからだ。しかも、長期の通商破壊作戦に投入可能な持ち駒は、2隻のポケット戦艦と23隻のUボートだけしかない。このような現実に直面した海軍作戦局は、仮装巡洋艦を軸とした、世界中の海における対イギリス通商破壊戦用の作戦立案に着手した。前大戦のように通商破壊艦を1隻ずつ投入するのではなく、6隻の仮装巡洋艦をほぼ同時に送り出し、さらに間を置かず数ヶ月のうちに6隻以上をこれに加えようと考えたのだ。この方針に従い、1940年には7隻が準備を終え、後続艦の改装工事も急ピッチで進んでいた。

火力や速力、装甲防御力などの比較がものをいう巡洋艦同士の殴り合いとは違い、ドイツ海軍の仮装巡洋艦とイギリス巡洋艦の対決は、艦の技術的優越よりも、知略や欺瞞、情報戦の積み重ねが結果を大きく左右する。猫がネズミを追い回すような緒戦の展開を経て、やがて舞台は南大西洋からその先のインド洋、太平洋へと際限なく拡大するが、当時はまだ艦船搭載型の水上索敵レーダーはほとんど行き渡っていない。仮装巡洋艦は得意の神出鬼没を繰り返しながら探知を避け、時には文字通り、敵巡洋艦の鼻先をかすめて逃げるような事さえやってのけている。しかし最終的には、ドイツのエニグマ暗号解読に成功したイギリスが、ドイツ海軍作戦局が設置した仮装巡洋艦支援用の洋上補給ネットワークを暴き、通商破壊艦をじわじわと燻り出すことになる。とはいえ、イギリス海軍の努力で仮装巡洋艦の作戦海域を推定できるようになったことが、直ちに彼らを屈服させる結果につながるわけではない。接触を図り、正体を暴いた後に、実力を持って敵艦を排除しなければならないことに変わりないからだ。もちろん、仮装巡洋艦が化粧をかなぐり捨てて牙をむいてくるその前に。

年表——CHRONOLOGY

1895年	ドイツ帝国海軍が民間船を仮装巡洋艦に改造する研究に着手する。
1912年	ドイツが推進する通商破壊艦の拡充に応じて、イギリス海軍本部は8,000t級の「大西洋型巡洋艦」の建造に動き出すが、計画は棚上げされてしまう。
1914年8月	ドイツ帝国海軍は大西洋上で仮装巡洋艦を使った通商破壊戦を開始する。
1915年8月15日	テオドール・ヴォルフ海軍少尉が貨物船をベースにした新型仮装巡洋艦の試案を作成する。
11月1日	改装工事を受けた貨物船プンゴ号が、仮装巡洋艦メーヴェとして就役する。
1916年2月29日	仮装巡洋艦グライフがノルウェー沖で撃沈される。イギリスに撃沈された最初の新型仮装巡洋艦となる。
7月3日	ホーキンズ級軽巡洋艦の建設が始まる。同級には遠洋航路防衛に不可欠な、航続距離延伸の努力が盛り込まれている。
1928年5月10日	重巡洋艦コーンウォールが就役する。
1929年5月18日	重巡洋艦デヴォンシャーが就役する。
1935年9月24日	オーストラリア軽巡洋艦シドニーが就役する。
1938年	仮装巡洋艦コルモラン、同トールが完成する。
1939年8月23日	イギリス海軍が武装商船の改装に着手する。
9月3日	ドイツ海軍作戦局は仮装巡洋艦3隻の偽装作業に着手する。
11月30日	仮装巡洋艦アトランティスが就役する。
12月9日	仮装巡洋艦オリオン、ヴィデル、ピンギン、コメートが就役する。
1940年3月11日	仮装巡洋艦アトランティスが、先陣を切って出航する。
3月15日	仮装巡洋艦トールが就役する。
4月6日	仮装巡洋艦オリオンが出航する。
5月6日	仮装巡洋艦ヴィデルが出航する。

開戦前の貨物船「クーアマルク」号。有事をにらんだドイツ海軍作戦局では、このタイプの貨物船が仮装巡洋艦のベースとして最適であると考えていた。同船は仮装巡洋艦オリオンとなり海軍に編入されている。（著者所有）

6月6日	仮装巡洋艦トールが出航する。
6月15日	仮装巡洋艦ピンギンが出航する。
7月3日	仮装巡洋艦コメートが出航する。
7月18日	イギリス海軍本部は、ヴィデルの生存者から仮装巡洋艦についての最初の詳細な情報を掴む。
10月9日	仮装巡洋艦コルモランが就役する。
12月3日	仮装巡洋艦コルモランが出航する。
12月	仮装巡洋艦の偽装戦術に対抗するため、イギリス海軍本部は極秘海軍本部艦隊命令143号を通じ、商船間識別用の暗号コードを導入する。
1941年 1月23日	イギリス海軍本部は「通商破壊艦識別」用の新システムを導入する。
4月9日	仮装巡洋艦トールが英海軍の武装商船ヴォルターレを撃沈する。
5月8日	仮装巡洋艦ピンギンが重巡洋艦コーンウォールによって撃沈される。
11月19日	オーストラリア西岸沖の海戦で、仮装巡洋艦コルモラン、豪軽巡洋艦シドニーが相打ちとなり、ともに沈没する。
11月22日	仮装巡洋艦アトランティスが重巡洋艦デヴォンシャーによって撃沈される。

1917年6月に就役したC級巡洋艦「カーディフ」。C級巡洋艦は、従来の4.7インチ／6インチ砲混載を破棄して、艦の中心線上に6インチ砲のみを配置した巡洋艦で、以降のイギリス海軍巡洋艦の標準形となった。1939年、カーディフはGIUKギャップの防衛任務として北方海域に投入されたが、作戦稼働日数が5～7日間と限られていたこともあり、満足できる働きを見せられなかった。(IWM,Q65725)

開発と発展の経緯
Design and Development

イギリス
British

　19世紀の経験を通じて、イギリス海軍は海上輸送および商船の安全確保こそが自らの主要任務であると定め、商船護衛に適した軍艦の開発に力を注いでいた。「巡洋艦」とは、フリゲート艦やコルベット艦などに分散していた雑多な艦種を、長距離哨戒任務に適した中型艦に集約していこうとする流れの中で、1870年代に定着しはじめた用語である。1880年には、全鉄製船体と6インチ砲を装備した近代的巡洋艦――リアンダー級の建造がネピア社で始まる。リアンダー級巡洋艦の建造費は1隻あたり20万ポンドで、当初から商船保護任務を主眼とした船だった。それから5年のうちに2つの革新的な技術――3気筒3段膨張機関と速射砲――の実用化が、巡洋艦の開発に影響を及ぼすようになる [訳註6]。3段膨張機関により石炭の燃焼効率が上昇した結果、航続距離の大幅な延伸が可能になるとともに、速射砲の火力投射能力は敵の通商破壊艦を圧倒すると期待できたからだ。1889年には、この2つの新技術を盛り込んだアポロ級巡洋艦が誕生した。同級の作戦稼働時間は30日にも達している。しかも1隻あたりの建造費は30万ポンドに抑えられていたこともあり、商船保護を重視するイギリス海軍にその気があれば、6インチ速射砲を搭載した同級の大量取得にも道が開けていた。

　しかし海軍本部は1889年の海軍防衛計画で、巡洋艦のカテゴリーを以下の3種類に分割したが、これは根本的に誤りだった。1等巡洋艦はいわば小型戦艦といったスケールの船で、排水量は7,000〜1万4,000トン、備砲には9.2インチ砲と6インチ砲を搭載している。次いで排水量3,000〜5,000トン、6インチ砲ないし4.7インチ砲を搭載した艦が、2等以下の下級カテゴリーとして続くことになる。ところが1等巡洋艦は主力艦隊の一翼を担う戦力として扱われ、商船保護はもっぱら2等巡洋艦の任務とされた。3等巡洋艦にはせいぜい沿岸の哨戒くらいしか実施する力がない。それから数年後、フランス海軍ではデュピ・ド・ローム、ロシア海軍ではリューリックと、それぞれ新型の装甲巡洋艦が就役した。どちらも長大な航続力を持っていることからも、通商破壊を念頭にした巡洋艦であることは明白だった。海軍本部は、これらの通商破壊艦がもたらす脅威の分析に時間をかけるよりも、より大型、高速の巡洋艦を建造することで応じるのが最善であると即断した。これを受けて、1895年には1隻あたり75万ポンドの建造費を投入してパワフル級1等防護巡洋艦を2隻建造している [訳註7]。海軍本部はバランスのとれた巡洋艦隊編制を捨て、想定する敵艦より大型で強力な装備を有した巡洋艦の整備を目指したのである。このような大型艦重

訳註6：19世紀後半、ボイラー技術が進歩して高い蒸気圧を生み出せるようになった結果、従来の2段膨張機関より熱効率に優れた、高、中、低圧の3シリンダーを介する3段膨張式機関が艦船用主機として普及した。重量6ポンド、毎分発射数12発のホチキス砲が採用されたのは1884年の事で、以降、この種の後装砲は「速射砲」と呼ばれた。19世紀末までに、イギリス巡洋艦は9.2インチ主砲を除く全備砲を速射砲に転換している。なお、ここで触れている「リアンダー級」巡洋艦は、ラプラタ河口沖海戦で活躍したエイジャックス、アキリーズが属する1929年計画の同級軽巡洋艦とは別物である。

訳註7：19世紀中盤以降、炸裂弾の破壊力に対抗する目的で装甲艦が登場したが、主機の出力が低いので、高速性能との両立ができない時期が長く続いた。その間に生まれた防護巡洋艦は、軽量、快速の通報艦をベースに、水線周辺に限定的な装甲を施した船である。だが、日清戦争の結果、防護巡洋艦が速射砲に弱い事が明らかになると、装甲を強化した装甲巡洋艦が脚光を浴びる。装甲素材となる鋼鈑の軽量化も相まって、大発展を遂げた装甲巡洋艦は、やがて巡洋戦艦へと進化する。

カヴェンディッシュ級軽巡洋艦エッフィンガム。1930年撮影。同級は通商破壊艦に対抗するために設計された船であり、イギリス条約型巡洋艦の基本形となっている。巡航速度なら16日間連続で作戦可能で居住性も抜群だったが、水上機を搭載していない弱みがあった。(IWM,Q65717)

訳註8：第1海軍本部長（The First Sea Lord）は、イギリス海軍武官の最高位であり、日本海軍の軍令部総長やアメリカ海軍の作戦部長とほぼ同等の権限、役割を持っていた。1905年に第1海軍本部長に就任したフィッシャー提督は、単一巨砲を備えた高速戦艦という主力艦整備を推進し、ド級戦艦の建造と巡洋戦艦に力を入れたほか、潜水艦も積極的に導入した。イギリス海軍のみならず、世界の海軍史に大きな足跡を残した人物である。

訳註9：1908年計画以降に大量建造されたブリストル級、ウェイマス級、チャタム級、バーミンガム級、バーケンヘッド級など、航続性能を重視した一連の巡洋艦は、イギリスの都市名にちなんで命名されたことから「タウン」級軽巡洋艦と総称される。ちなみにここでいう軽巡洋艦とは、1911年計画で建造された「アリシューザ級」が議会においてLight Protected Cruiser（軽防護巡洋艦）と呼ばれた事に由来する、イギリス海軍の独自カテゴリーであり、後のロンドン海軍軍縮条約によって規定される軽巡洋艦の艦種とは無関係だが、海軍軍縮条約の巡洋艦区分については、アリシューザ級の存在が基準となっているので、同級を軽巡洋艦の始祖に位置づけるのは適切だろう。

視の流れのなかでは、必然的に安価な使役馬（ワークホース）としての2等巡洋艦の建造は低調となる。しかし、確かに1等巡洋艦は他の巡洋艦を圧倒する速力と火力を有しているものの、代償として燃費が悪いため、商船保護には不向きである。海軍本部としては、1等巡洋艦を海外拠点に駐留させるのをあきらめて、本国艦隊に編入する道を選んだ。ところが、この流れにさらに弾みが付いてしまい、大型巡洋艦の建造ラッシュの中で、いつの間にか商船保護用の戦力を充実させるという本来の目的が置き去りとなり、海軍本部のスタッフさえ任務の遂行を危ぶむ事態に陥ってしまった。仮説上の脅威をことさらに重視した結果、イギリス海軍は商船保護という中核任務に不向きな巡洋艦隊を作り上げてしまったのである。

ジョン・アーバスノット・フィッシャー提督が第1海軍本部長［訳註8］に就任した1904年になると、イギリス海軍は、完全に戦略的優先順位を見失ってしまう。排水量と速度、そして火力の虜となっていた提督は、大型巡洋艦建造の流れに拍車をかけてしまうのである。実際に彼は、1隻あたり140万ポンドの建造費を要するマイノーター級装甲巡洋艦を認可したのに続き、1906年にはインヴィンシブル級巡洋戦艦の開発に向けて動いている。フィッシャー提督は、巡洋艦と戦艦はやがて融合して新たな艦種として生まれ変わる未来の到来を予想し、巡洋艦の開発では、戦略上の優先順位やドクトリンよりも技術的進歩がいかに反映されているかという側面を重視したのである。同時にフィッシャーは、当時「防護巡洋艦」と新たに艦種分けされていた非力な2等巡洋艦について、敵通商破壊艦との対決となった場合、「戦うには小型過ぎ、逃げるには遅すぎる」と評価しており、イギリスの海上交通を守るのは巡洋戦艦の任務であろうと公言していた。だが、高額予算が災いして数をそろえられない巡洋戦艦では、世界中の海で通商破壊から商船を守ることはできない、当たり前の事実を見落としていた。誤りを悟ったフィッシャーは、軽巡洋艦保有に方針転換し、1909年にタウン級巡洋艦の建造を認めている［訳註9］。1隻あたりの建造費が35万ポンドとかなりの低予算を実現した同級は、21隻が建造され、第1次世界大戦では商船保護戦の主力として活躍している。また、フィッシャーは石炭燃焼から石油燃焼式機関への換装を進めたが、技術進歩のおかげもあり、巡航速度における石油燃焼機関搭載艦の作戦稼働日数は2週間にまで延伸した。

1914年、第1次世界大戦勃発と同時に、ドイツ通商破壊艦との戦いが始まると、まず11月にココス諸島海戦でオーストラリア海軍のタウン級軽巡シドニーが、速力と火力の優位をいかしてドイツの軽巡エムデンを一方

的に撃沈して、フィッシャーの方針が正しかったことを証明する。さらに1ヶ月後にはフォークランド諸島沖海戦で、巡洋戦艦インヴィンシブル、インフレキシブルおよび3隻の装甲巡洋艦がシュペー提督の巡洋艦隊を叩きのめした。自国の旗を明瞭に掲げた敵艦を速力と火力の優越をもって撃破する。以上の遭遇戦は、海軍本部が目論んでいたとおりの通商破壊艦に対する戦いとなった [訳註10]。

ところが、自慢の装甲巡洋艦と巡洋戦艦が、肝心の艦隊決戦で意外なほど脆弱であることが、1916年のジュトランド海戦で露呈してしまう。まさに日の出の勢いで存在感を増していたはずの巡洋戦艦は、ジュトランド海戦で瞬く間に3隻が撃沈されたことで、一転、存在意義を疑われる結果になってしまったからだ。そしてジュトランド海戦以後、海戦と呼べる規模の戦いが発生しなくなると、海軍本部は、少数の重武装巡洋艦ではなく、大量の軽快な巡洋艦を必要とする局面になったことを思い知らされるのである。

戦争中盤になると、ドイツのUボートによる通商破壊が本格化し、同時に貨物船を改装した仮装巡洋艦が大西洋進出を開始したこともあり、海軍の任務として商船保護の重要性が格段に高まる。海軍造船局長サー・ユースタス・テニソン・ダインコートは軽巡洋艦の改良に努め、シアリーズ級軽巡洋艦の建造を手始めに、1918年にはケープタウン級、ダナイー級を相次いで竣工させている。6インチ砲と4インチ砲を混載していた初期の軽巡洋艦と違って、戦争後半に建造された新型軽巡洋艦は、すべての備砲を5ないし6門の6インチ砲に統一している。敵仮装巡洋艦の成功に応じるため、テニソン・ダインコートは、前級より航続距離に優れ、さらに強力な7.5インチ砲を搭載した排水量9,750tのカベンディッシュ級を建造する。同級4隻が建造中のうちに休戦が成立してしまったため、戦場での実力を見せることはかなわなかったが、カベンディッシュ級は後のイギリス巡洋艦建造思想に大きな影響を残している。

終戦直後にC級、D級の軽巡洋艦7隻が完成し、1921年までにはエメラルド級軽巡洋艦が竣工を終えている [訳註11]。そして海軍本部が次世代の巡洋艦について検討に入った頃、激化の一途をたどる建艦競争の抑制をはかり、主要海軍国の代表団がワシントンに集まって軍縮条約締結の道を模索した。こうして1922年2月6日に締結したワシントン海軍軍縮条約の規定は巡洋艦にも及んでいる。まず第6項では各艦の基準排水量 [訳註12] を1万トン以下とし、第7項により主砲口径も8インチまでに制限された。海軍本部は、軍縮条約を軍艦開発の足かせになるものと見なしていたが、海軍としては日米との建艦競争に煽られて計画を強いられたG-3巡洋戦艦をはじめとする、いささか夢想的な巨艦建造計画を放棄することができる利点があった。しかも、軍縮条約はイギリス海軍を本来の任務である商船保護に振り向けるように作用し、海軍本部はこの任務に合致する中型巡洋艦を多数建造する方向に舵を切る。同時に軍縮条約によって、海軍が現有する巡洋戦艦および装甲巡洋艦の大半が処分されることになった。

イギリス、アメリカ、日本、フランス、イタリアの条約締結5ヶ国は、条約の規定に収まる巡洋艦、すなわち「条約型巡洋艦」の建造にさっそく動き始めた。保有している装甲巡洋艦をすべて放棄したイギリス海軍には、当時、任務遂行中の大型巡洋艦が1隻しかなかったので、海軍本部は条約

訳註10：コロネル沖海戦（1914年11月1日）で、イギリスの装甲巡洋艦隊を一方的に撃破した、ドイツのシュペー艦隊（装甲巡洋艦「シャルンホルスト」「グナイゼナウ」他、軽巡3隻を中心とする）に対し、イギリスは巡洋戦艦「インヴィンシブル」「インフレキシブル」を中核とする、ダブトン・スターディー中将の艦隊を送り込み、1914年12月8日に南大西洋のフォークランド諸島沖で捕捉撃滅した。「装甲巡洋艦を圧倒する」コンセプトで設計された巡洋戦艦の前に、装甲巡洋艦は無力だった。この時沈んだ2隻の装甲巡洋艦の名前は、第2次世界大戦で活躍した2隻の巡洋戦艦に引き継がれている。

訳註11：アリシューザ級に続き建造された「C級（各艦級、艦名が頭文字Cから始まる、カロライン級、カライアピ級、カンブリアン級、セント―級、カレドン級、シアリーズ級、ケープタウン級）」、「D級（ダナイー級）」、「E級（エメラルド級）」は、艦齢こそ古くなり、C級の一部は代艦に切り替わっていたが、第二次世界大戦ではイギリス海軍の軍馬として息の長い活躍を見せた。

訳註12：艦の排水量を基準にとする際、各国でばらばらだった排水量の計測基準を統一するため、ワシントン海軍軍縮条約では、艦が最大の戦闘力を発揮できる満載状態から、燃料と予備罐水を除いて求める「基準排水量（Standard Displacement）」を定めた。これは航続距離増大のために燃料を多めに積載するイギリス巡洋艦にとっては有利な設定になっていた。

オーストラリア海軍軽巡洋艦シドニー（パース級）

建造	1933～1935年
建造費	約150万ポンド
就役	1935年9月24日、オーストラリア海軍
排水量	7,105トン
寸法	全長171.4m、船幅17.3m、喫水5.8m
主機	パーソンズ式オール・ギヤード蒸気タービン／4軸
最高速度	31.5ノット
航続距離	7,000マイル／16ノット（18日）
武装	50口径Mk.XXIII 6インチ連装砲塔4基（8門）、45口径Mk.V 4インチ速射砲（単装）4基、4連装21インチ魚雷発射管2基（8門）、ウォーラス水上偵察機1機

が規定する8インチ砲を搭載した新型巡洋艦の建造にまずは力を注ぐことを決めた。海軍本部は再び、通商破壊への対抗手段として火力の優越を重視する結論を下したと言える。しかし、当時のイギリス海軍は8インチ砲を実用化していなかったので、まずは開発から取りかかることになった。こうして1923年に50口径Mk.VIII 8インチ砲が完成する。同砲は実戦配備までに4年の時間を要したが、ひどい欠陥兵器であることが判明した。同時期、海軍本部は1隻あたり197万ポンドの予算を投じて、ケント級重巡洋艦7隻の建造を開始した。ケント級は軍縮条約の制限に従い、基準排水量1万トンの船体に、8インチ連装砲塔4基を搭載したが、結果として装甲にまわす重量が不足してしまう。テニソン・ダインコートは砲塔バーベットと弾庫周辺を4インチの装甲で覆うように設計したものの、船体の大半はせいぜい1インチほどの装甲で我慢しなければならなかった。弱装甲に過ぎるケント級に、艦隊用巡洋艦としての居場所はなかったが、乗組員の居住性と航続力が優れていた点から、商船保護任務に適した巡洋艦であった。当時はまだ洋上給油技術が未熟だったこともあり、海軍は泊地での給油を考慮せずに、南大西洋からインド洋、太平洋にかけての広大な海域で哨戒

作戦を実施できる巡洋艦を求めていたので、その目的にかなう艦だと見なされたのである。

　ケント級7隻が就役を完了したのは1928年だが、海軍はその前からすでにロンドン級重巡洋艦4隻、ノーフォーク級巡洋艦2隻の建造を開始していた。以上の3つの艦級はまとめて「カウンティ級」とも呼ばれ[訳註13]、1930年には13隻すべてが就役した。しかしながら、カウンティ級は就役当初から性能劣悪なMk.Ⅷ 8インチ砲に悩まされていた。1929年7月26日にデヴォンシャーが実施した射撃試験では、X砲塔で砲内破裂事故を起こし18名の死者を出している。他にも射撃速度の遅さも指摘された結果、海軍は多大な労力を投じて砲塔の改修工事に着手する羽目に陥った。ただし、同じく1929年に実施された射撃試験では、距離1万2,000〜2万4,000ヤードでの15回の斉射のうち40％で夾叉を見せて、正確さを評価されてもいる。

　ジュトランド海戦の顛末にひどいショックを受けたイギリス海軍では、砲撃精度の高さは信仰に近い崇拝を受けていた。したがって、海軍本部では新型巡洋艦に最新の射撃指揮装置を投入している。1926年には巡洋艦エンタープライズに射撃指揮所が設けられ、ジャイロ安定式15フィート測距儀や初歩的な自動計算機を導入した結果、3万3,000フィートまでの目標を射撃可能になった。射撃指揮所の有用性は基礎検証の段階で確かめられたが、すでにカウンティ級の大半は建造を終えていたので、ノーフォーク級の2隻、ノーフォークとデヴォンシャーにしか搭載されていない。1930年代になるとイギリス海軍は敵艦を素早く夾叉できる「初弾観測急斉射」を導入する都合から、巡洋艦に対して段階的ながら射撃指揮所の設置を急いでいる。これが計算通りに稼働すれば、イギリスの巡洋艦は、特に長距離砲戦においてかなり有利な立場を得ることができる。

　以上のような砲撃力の向上とは別に、海軍本部は偵察用水上機を射出するためのカタパルトを搭載し、装甲強化を図るなど、カウンティ級巡洋艦の戦闘力を維持向上する策を次々に打っていたが、いかんせん、条約型巡洋艦では発展余地が少なく、他の機能や装備と相殺しながらの改修となった。カウンティ級の場合、射撃指揮所の設置と引替えに、魚雷発射管を撤去して後部甲板を切り詰めなければならなかったし、カタパルトと最大3機までの水上機収容設備を追加するために、大規模な改修を施さなければならなかった。他にも4インチ厚の水線装甲帯を追加している。ヨーク級は、新型装備の搭載余地をあらかじめ見越して船体を小型化した新型重巡洋艦である。新たに造船局長に就任したサー・ウィリアム・J・ベリーは第4主砲塔を撤去して船体の長さを55フィート、重量1,600トンを節約し、その分を装甲強化にあてた。さらに燃費が大型のカウンティ級に比べて2倍以上となったことで、商船保護という観点からさらに優れた巡洋艦になったと言える。

　ところが、ようやくイギリス海軍がワシントン軍縮条約の制限下での効果的な建艦方法を習得しつつあった1930年4月22日、今度はロンドン海軍軍縮条約という新たな制限が突きつけられ、巡洋艦建造計画は根本から大きく揺さぶられることになった。新軍縮条約は8インチ砲搭載の重巡洋艦と、6インチ砲搭載の軽巡洋艦という2種類の巡洋艦を規定し、それぞれに新たに制限を設けることになった[訳註14]。条文の第15項で、イギリス海

訳註13：「ケント級」（ベリック、コーンウォール、カンバーランド、ケント、サフォーク、オーストラリア、キャンベラ）、「ロンドン級」（デヴォンシャー、ロンドン、シュロップシャー、サセックス）、「ノーフォーク級」（ドーセットシャー、ノーフォーク）以上の「カウンティ級」13隻は、第2次世界大戦を戦い抜いたイギリス海軍の背骨と呼ぶべき重巡洋艦艦群だが、いずれも航空装備がなく、最初から航空機を運用可能だったのは、単艦建造の重巡ヨークとエクゼターだけだった。

訳註14：ワシントン海軍軍縮条約では、基準排水量1万トン以下、主砲口径は8インチ以下の戦艦保有には制限がかけられなかったので、各国はこのサイズの「条約型巡洋艦」を多数建造している。イギリスでは「カウンティ級」がこれに該当する。しかし、1930年のロンドン海軍軍縮条約では、巡洋艦にも制限がかけられ、A（甲）級巡洋艦（基準排水量1万トン未満、備砲8インチ以下）、B（乙）級巡洋艦（同1,850トン以上1万トン未満、備砲6インチ以下）の2種類に分けられ、保有隻数も制限された。この区分を元に、前者を重巡洋艦、後者を軽巡洋艦と呼ぶ事が慣例となる。

軍は基準排水量合計14万6,800トンまでの重巡洋艦を保有することを認められたが、これはケント級を保有している限り、重巡洋艦の新造が不可能であることを意味していた。しかし第20項によって、6インチ砲までの軽巡洋艦であれば、C級巡洋艦の除籍を前提に1936年までに合計基準排水量9万1,000トンまでの保有が可能となる。新型軽巡洋艦の建造に舵を切る決断をした海軍本部は、まず50口径Mk.XXI 6インチ砲の開発に着手した。

　1930年から1936年にかけて造船局長に就任したサー・アーサー・ジョーンズは、条約制限下の軽巡洋艦建造責任者に任じられた。このような体制のもとでまず1931年6月からリアンダー級軽巡洋艦5隻の建造が始まり、続いて1933年8月からはパース級軽巡洋艦3隻の建造が始まった。全8隻の就役は1936年に完了している。これらの新型軽巡洋艦は基準排水量7,200トンの船体に、連装6インチ砲塔4基を搭載し、航続距離も比較的良好であった。しかし、各艦とも建造には150万ポンドほどの高額予算を必要とした。これではケント級とさして違いがない。当時、イギリスの国家財政は世界恐慌の影響もあって大幅な抑制を余儀なくされており、海軍本部としてももっと建造費が安くて済む船を必要としていた。この流れから、1932年に建造が始まったのが4隻のアリシューザ級軽巡洋艦である［訳註15］。

　しかし、間もなく戦略的環境が一変する。ドイツが再軍備宣言を発して海軍創隊に動き出し、日米が新型重巡洋艦の建造にしのぎを削っているのを見たイギリス海軍では、条約制限を堅持することへの関心が消え、重武装、重装甲の新型軽巡洋艦の建造に着手することになる。新コンセプトを反映して1934年から建造が始まったのが、サウサンプトン級軽巡洋艦5隻である。基準排水量は9,100トン、主砲には3連装6インチ砲塔を5基搭載するという重武装を誇っていた。サウサンプトン級は、カウンティ級にも匹敵する大型船体となったが、比較して機動性と防御力は向上している。1936年から建造のグロスター級は、若干ではあるがさらに船体が大型化した軽巡洋艦である。1936年12月にロンドン海軍軍縮条約が失効すると、この時を待ち焦がれた海軍本部は基準排水量1万1,580トン、3連装6インチ砲塔を6基搭載のエジンバラ級軽巡洋艦2隻の建造を開始する。1930年

訳註15：老朽化したC級、D級の代艦として建造された艦隊用の小型軽巡洋艦。通商護衛が主任務となるイギリス巡洋艦は、条約の枠の中で「アリシューザ級」のような小型艦多数保有に向かい、日米の巡洋艦が大型艦少数保有に向かっていったのと逆行していた。もちろん1911年計画の同級とは別物である。

1941年6月12日、サザンプトン級軽巡洋艦「シェフィールド」はフェニステレ岬沖でドイツの補給艦「ブレーメ」号を捕捉した。Y部隊がドイツの「近海」暗号を解読した成果である。艦首の連装6インチ砲塔の周囲に空薬莢が散らばっている様子からも、短時間の砲火が交わされたことがわかる。ドイツの仮装巡洋艦が標準装備していた15cm砲と比較すると、Mk.XXI 6インチ砲は圧倒的に優れていた。（IWM, A 4401）

イギリス巡洋艦の射撃指揮所

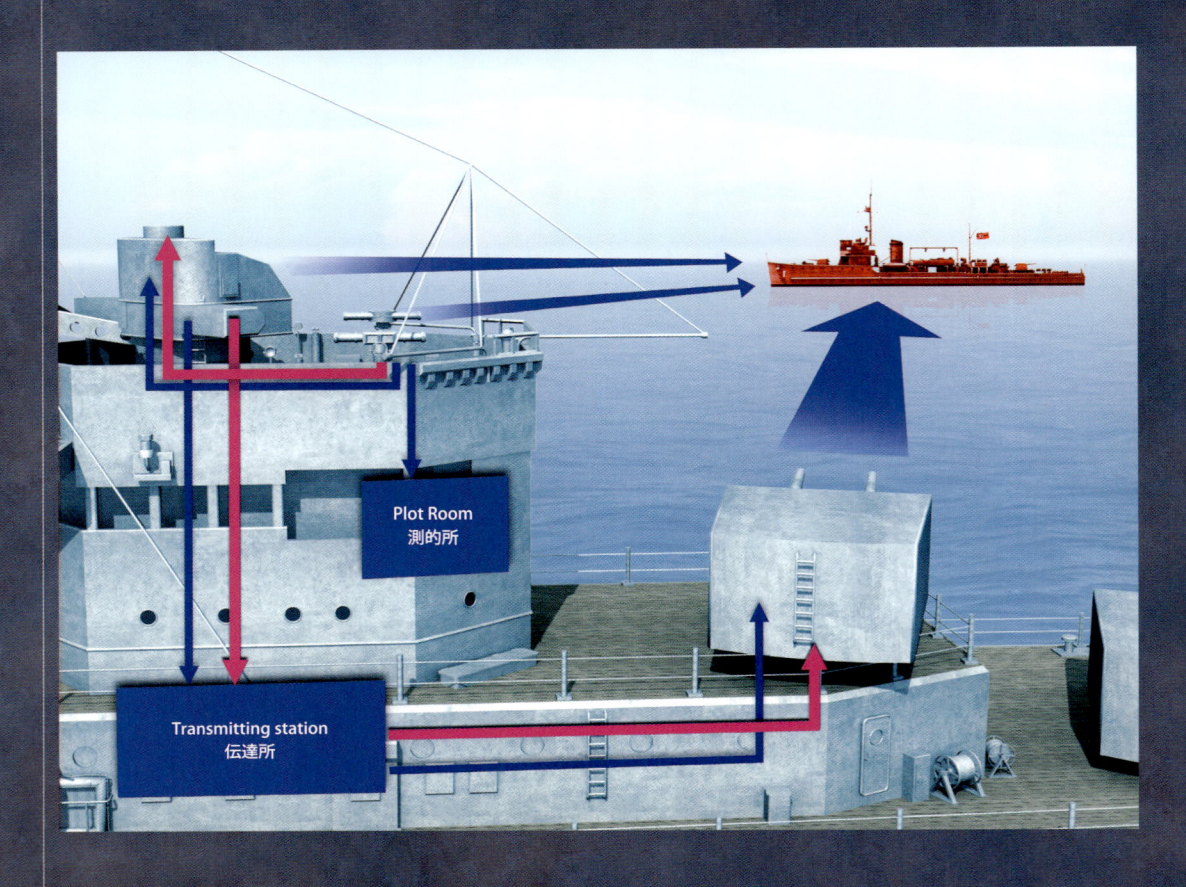

Plot Room
測的所

Transmitting station
伝達所

　イギリス巡洋艦の主砲は、射撃指揮所（DCT）に設置された測距儀を通じて得られる情報をもとに発射される。射撃指揮所は、艦橋の直背付近を占めている。射撃目標はまず艦橋から双眼鏡などを使って確認された後、射撃指揮所に伝達される。指揮所では、情報を基に測距儀で目標をとらえようと試みる。測距班は固定式単眼望遠鏡と、ステレオ式測距儀を操作して、目標までの距離、速度、方位など射撃に必要なデータを求める。測距班が得た射撃データは館内電話を通じて下層にある伝達所と測的所に送られる。伝達所では、海軍本部が火器管制時計と呼ぶ、初歩的な射撃コンピューターを使用して必要な数値データを洗い出し、各主砲に目標に対する仰角と方向角を指示する。射撃指揮所の砲術士官は以上の手順を管理し、全砲門が射撃可能になると、射撃トリガーないしフットペダルを介した射撃指揮所からの操作によって全砲門が一斉射撃するのである。いったん砲弾が撃ち出されると、射撃指揮所はまず弾着観測で射撃の精度を確認した後に、次の斉射ではより正確な弾着を導くように修正したデータを、各主砲に伝達して、次の射撃手順に移るのである。

代を通じ、イギリス海軍は条約制限に悩みながら装甲防御の強化に創意工夫をこらしていたが、条約が失効するや、海軍の造船担当者は不満だらけだった集中防御区画方式を放棄して、エジンバラ級では4.8インチ厚の水線装甲帯を採用している。同級の建造費は1隻あたり210万ポンドまで高騰し、ケント級よりも航続距離が短いという欠点があったが、その分、様々な任務に堪える汎用性の高さに期待が集まった。続いて1937年から1939年にかけて、海軍本部は8,000トン級、3連装6インチ砲塔3基を搭載したフィジー級軽巡洋艦5隻を調達している。同級は建造費の安さに特徴があった。以上のような経過を経て、第1次世界大戦後にイギリス海軍が整備した巡洋艦は、3つのグループに分けることができる。第1は先の大戦に起源を持つ旧式軽巡洋艦のグループで、これにはホーキンズ級重巡洋艦も含まれる。第2のグループは、1920年代に盛んに建造された8インチ砲搭載の重巡洋艦群、そして最後がロンドン軍縮条約を受けて1930年代に建造された6インチ砲搭載の軽巡洋艦群である。

第1次世界大戦ではほとんど存在感がなかった武装商船だが、海軍本部は熱心に準備を進めていて、1939年8月23日の時点で、イギリス船籍51隻、オーストラリア船籍2隻、ニュージーランド船籍1隻の民間船について、戦時徴用の契約を交わしていた。この時も海軍本部は、武装商船のベースとして高速客船を好み、先の大戦と同様、6〜8門の旧式6インチ砲と、2門程度の12ポンド対空砲を搭載する計画を進めていた。武装商船は商船保護に投入されることになるが、とりわけ主戦場から遠く離れた遠隔地を拠点とした活躍を期待されていた。ところが武装商船の乗員には不運なことに、第2次世界大戦においてこの種の艦が平穏無事でいられる海域などほとんどなかったのである。武装商船が正面切っての砲撃戦に不向きであることには、海軍本部も気づいてはいたが、援軍が駆けつけてくるまで敵仮装巡洋艦と接触を続けることくらいは可能だろうと考えていた。

しかし、商船保護を声高に主張する影で、海外に展開するイギリスの巡洋艦は、バミューダやフリータウン、コロンボ、シンガポールと言った在外泊地周辺に活動範囲が縛られる傾向が強かった。洋上補給技術が拙かったからだ。開戦時、イギリス海軍補助艦隊はオイルタンカーを14隻保有していたが、洋上補給が試みられた例は大戦末期を入れても数えるほどし

ドイツ仮装巡洋艦の15cm主砲と射撃照準器

ドイツ仮装巡洋艦の主兵器、45口径SK15cm単装砲は、射撃目標までの距離を測定するのにステレオ式測距儀を使用している。イギリス巡洋艦のほとんどが搭載していた測距儀と比較すると、ドイツのステレオ式測距儀の方が距離測定が早くて優れているが、それは目標までの距離が1万m以内の時に限られる。砲術士官は中央の三角形の頂点にある黄色いドットを、例えば敵巡洋艦の煙突といったような、射撃目標の枢要部に合致させて砲の狙いを付けるのである。

かなく、1940年から1941年にかけての時期は、最寄りの泊地に移動して補給を受けるのが当たり前だった。このような運用上の縛りは、巡洋艦の哨戒活動をパターン化させることになり、結果として、追跡をかわそうとするドイツ通商破壊艦を助ける結果となった。1940年から1941年にかけて頻発した通商破壊艦とイギリス巡洋艦との戦いでは、このイギリス海軍側の限界が常に当事者の判断材料になっていた。当時、イギリス海軍はようやく艦載型水上索敵レーダーの運用を開始したばかりであり、機材の大半は本国艦隊の艦船に割り当てられていた。水上偵察機を除けば、1941年当時までのイギリス巡洋艦は、第1次世界大戦と変わり映えのしない索敵方法を継続していたことになる。

ドイツ
German

　ドイツは第1次世界大戦で成し遂げた通商破壊の成功要因を忘れていなかった。仮装巡洋艦ヴォルフの艦長として戦争を生き抜いたカール・アウグスト・ネーゲル海軍少将は、1930年代になっても軍に籍を置いている。1936年5月、海軍作戦局(SKL)は、ネーゲル少将に先の大戦での通商破壊から得られた知見について報告書を編纂するよう求めている。仮装巡洋艦メーヴェに乗り組んでいたニコラウス・ドーナ伯爵の経験も交えたネーゲル少将の報告書は、ヴォルフのような仮装巡洋艦が本国からの補給を欠いた状態で、451日間もの長きにわたりどのように作戦を継続してきたのか、その要因を列挙し、通商破壊において決定的な役割を果たした水上偵察機の重要性を強く指摘している。ドーナ伯爵はこれに機雷敷設能力の重要性を附記しているが、事実、メーヴェが敷設した機雷は1916年1月6日に前ド級戦艦キング・エドワードⅦ世を撃沈している。この事実は、今日で言うところの「非対称戦争」を象徴する好例だろう。

　ネーゲル少将の報告書を基にして、ドイツ海軍(クリーグスマリーネ)はハンザやフェルス等の海運会社に補助金を支出する代わりに、有事の際には商船員の一部を通商破壊艦の乗組員として徴用する旨の契約を交わしている。1938年1月までに、海軍総司令部(OKM)は海軍動員計画に定められていた6隻の仮装巡洋艦に行き渡るだけの乗員を確保して、通商破壊作戦の下地を整え、同年末のミュンヘン危機以降は乗組員の割り当てを開始している。戦争勃発後の1939年9月には、海軍作戦局は第一陣、6隻の仮装巡洋艦の艤装準備を開始。ただちにハンブルク-アメリカ海運会社から徴用したクーアマルク号とノイマルク号、ハンザ海運会社のゴルデンフェルス号の改装工事に取りかかった。

　ドイツ海軍は仮装巡洋艦の規格化、画一化を望まなかった。艤装を変えながら戦う仮装巡洋艦の長所と相反するからだ、現実問題として、世界中の航路を活動の舞台とする通商破壊戦では、建造数が少ない大型船舶は容易に識別されてしまう。むしろこれといった特徴もない平凡な中型貨物船の方が任務に適しているのだ。したがって、イギリス海軍が大型客船を武装商船に仕立てたのとは異なり、海軍作戦局は大型客船を補助艦艇として徴用しなかった。ネーゲル少将の研究を有益と認めた海軍作戦局は、第1次世界大戦の真っ最中の、1917年時点の仮装巡洋艦ヴォルフを雛形とす

ることにした。データで見ると、武装は15cm砲を6門と両舷の魚雷発射管に加え、機雷敷設能力を持ち、水上偵察機の運用も可能ということになるが、船の大きさは3,287トンのバナナ運搬船から8,736トンの貨物船まで様々であり、石炭ではなく石油専焼艦となっていることが時代の変化を示していた。

　開戦とほぼ同時の1939年9月から、ブレーメンのデシマーグ工廠で仮装巡洋艦3隻の艤装工事が始まった。この時、徴用船が軍籍に入ったことを示すために、それぞれの船には偽名が与えられているが、造船所の作業員や口が軽い港湾役人に仮装巡洋艦であることを知られないようにする目的も兼ねていた。例えば、ゴルデンフェルス号はHSK-2仮装巡洋艦「アトランティス」となり、関係者には「母艦」と説明されていた。艤装工事に携わった海軍関係者の多くも、仮装巡洋艦の全体像を知らされておらず、うわべは補助艦艇を装うこれらの船に、火砲や水上偵察機のような前線兵器を搭載する作業と、最高レベルの機密保持を両立するのは非常に難しかった。こうして、母港の関係者を必死で欺きながら、仮装巡洋艦としての形ができあがっていった。しかし仮装巡洋艦を巡る厄介ごとは、海軍の内部にもあった。彼女を「自殺も同然の船」と見なす海軍関係者の目には、艤装にかける資材や労力が浪費にしか映らなかったのである。アラドAr196A-1水上偵察機が仮装巡洋艦に配備されず、代わりに性能が低いハインケルHe-114C-2をあてがわれるといったように、海軍関係者の妨害は、水上偵察機の調達に如実にあらわれていた。

　充分な艦内スペースの確保は、仮装巡洋艦においては必須条件である。洋上で戦い続ける男たちを、最低でも1年は支えられる物資を積載しなければならないからだ。ゴルデンフェルス号を仮装巡洋艦アトランティスに改装する際には、燃料積載量を2倍、真水積載量を3倍にすることが求められた。せいぜい数週間の洋上生活を前提とした民間貨物船とは異なり、仮装巡洋艦は、港に停泊することなく洋上で一年間は戦い続けられるように改造される。当然、通常の軍艦のような支援はあてにできないので、自己完結した軍艦を目指すことになる。また、最大で400名程度の乗組員の他、犠牲となった商船から移乗させた戦時捕虜200名程度を想定した居住性が求められる。ベースの貨物船が、通常は40名程度で運用されている

1941年秋、仮装巡洋艦に改装工事中の貨物船「シュタイアーマルク」号。ドイツ海軍では仮装巡洋艦コルモランと名付けられている。（著者所有）

**41号艦 HSK-8
仮装巡洋艦コルモラン**

建造	1938年
就役	1940年10月9日、ドイツ海軍
排水量	1万9,900トン（総トン）
寸法	全長164m、船幅20.2m、喫水8.5m
主機	9気筒ディーゼルエンジン4軸、電気モーター2基
最高速度	18ノット
航続距離	8万4,500マイル／10ノット（352日）
武装	45口径15cm単装砲6基、75mm単装砲1基、20mm単装機銃5基、3連装21インチ魚雷発射管2基（6門）、機雷360個、アラド196A-1水上偵察機2機

　ことからも、徹底した改造になることは容易に想像できるだろう。
　また、仮装巡洋艦は限界まで民間船を装うよう工夫が凝らされているが、隠匿配備された備砲の攻撃力はおおざっぱに言って第1次世界大戦時の軽巡洋艦程度まで強化するよう求められていた。備砲に良好な射界が与えられている方が望ましいのは言うまでもない。しかし、使用しないときは民間船艤装のために混雑した甲板上に隠さなければならないので、砲床をどのように設置するか頭を悩ませることになる。開戦時、ドイツ海軍は新式備砲を充分に在庫していなかったため、仮装巡洋艦には老朽艦から撤去した時代遅れの備砲を移設して凌いだ。結果としてもっとも多用されたのが、1908年に開発され、限定的ながら1923年まで生産が続いていた45口径SK 15cm砲である。資料が語るところによれば、仮装巡洋艦の主武装は、倉庫で埃をかぶった「齢40歳の年代物兵器」ばかりでなく前ド級戦艦「シュレスヴィヒ＝ホルシュタイン」や「シュレージェン」から撤去した45口径SK 15cm砲を搭載していたことが伺える。実際には、この2隻の旧型戦艦が15cm砲の設置工事を受けたのは1922年だが、彼女たちから20門の15

cm砲をすべて取り外したとしても、最初の7隻の仮装巡洋艦に必要な42門にはとうてい足らない。したがって、15cm砲の大半は第1次世界大戦末期に建造中だったド級戦艦や軽巡洋艦用の余剰資材だったのかもしれない。仮装巡洋艦コルモランは15cm砲1門を巡洋戦艦「ザイドリッツ」の在庫から流用している。このように、仮装巡洋艦の主武装には、最新兵器があてがわれなかっただけでなく、骨董品と呼ぶほうが説明が早いような兵器が与えられていたのである。

　しかし、本当に深刻なのは老朽化したエンジンであって、実際、一部の仮装巡洋艦では致命的な事態を引き起こしている。1929年から翌年にかけて建造されたクーアマルク号とノイマルク号は姉妹艦だが、そのエンジンはどちらもすでに過去2隻の船で使用されていた中古品であり、信頼性が著しく低い代物だった。このような実態にもかかわらず、通商破壊を熱心に推進した海軍作戦局は、あえてこれらの技術的不備に目を瞑る事に決めた。

　最初の仮装巡洋艦3隻は、約90日間の工事で完成した。1939年11月30日、かつてのゴルデンフェルス号はHSK-2「アトランティス」として就役した。これに続いて12月9日には、クーアマルク号はHSK-1「オリオン」、ノイマルク号はHSK-3「ヴィデル」としてそれぞれ就役した。この3隻はバルト海で数週間の訓練を受けた後に、乗員たちに最後のクリスマスを過ごさせると、1年にも及ぶ航海に向けて抜錨した。デシマーグ工廠は直ちに後続となる3隻の建造に着手した。海軍作戦局では最初の3隻が満足にはほど遠い完成度という感触を持っていたので、後続する仮装巡洋艦にはもっと新しい武器と、信頼の置けるエンジンを搭載したいと望んでいる。

　ところで、通商破壊艦は拿捕した敵の商船から燃料や食料を獲得することで作戦期間を1年より先に延ばすことが可能となるが、同時に移乗させた捕虜を他の艦に預け、弾薬を補給するには、補給艦と直接接触することはどうしても必要だった。そのため、ドイツ支配下の港を拠点とする封鎖突破船と、中立国の港にいるドイツの民間船を、仮装巡洋艦への補給艦とする補給ネットワークが、秘密裏に構築された。しかし、この支援システムを利用するには、当然、仮装巡洋艦の側からも通信を発しなければならず、第1次世界大戦時にすでにイギリスが無線方向探知機の開発と運用に成功していたことを知る海軍作戦局としては、補給要請通信が仮装巡洋艦の最大の弱点となるのではと危惧していた。そこで、ドイツ海軍では補給艦との連絡する際の、通商破壊艦の安全確保を最優先課題として努力を傾けた。いささか貧弱な空軍エニグマ暗号装置に変えて、回転板を追加した海軍エニグマ暗号装置を導入するだけでなく、仮装巡洋艦との通信では、海軍では無線送受信機をほんの数秒しか使用しないで済む特殊な短縮コードを開発していたのである。

原型船名	艦名	識別番号	竣工年	トン数	オーナー／運行企業
クーアマルク号	オリオン	HSK-1	1930	7,021	HAPAG
ゴルデンフェルス号	アトランティス	HSK-2	1937	7,862	Hansa Line
ノイマルク号	ヴィデル	HSK-3	1930	7,851	HAPAG
サンタ・クルツ号	トール	HSK-4	1938	3,862	OPDR Line
カンデルフェルス号	ピンギン	HSK-5	1936	7,766	Hansa Line
エムス号	コメート	HSK-7	1937	3,282	NDL
シュタイアーマルク号	コルモラン	HSK-8	1938	8,736	HAPAG

技術的特徴
Techinical Specifications

イギリス
British

　仮装巡洋艦の脅威に対抗するイギリス巡洋艦には4つの切り札があった。それは、沿岸拠点との連携、哨戒作戦時間の長さ、索敵範囲の広さ、そして火力の優越である。通商破壊艦を捕捉さえすれば、速度と火力で勝るイギリス巡洋艦はよほどの事がない限り後れをとることはないだろう。しかし、その通商破壊艦の発見が大問題だった。

　大海原を単艦で遊弋しながら、敵艦発見の機会を拾うだけだった帆船時代から大きく様変わりし、1940年当時のイギリス巡洋艦は、作戦上不可欠な情報を得るのはもちろん、適切な補給を受けるため、沿岸拠点と密接に連携し、そこからの支援に大きく依存していた。通商破壊艦からの攻撃を受けている船舶が発する〈RRR信号〉は、海軍の通信網を使って各地に伝達され、この情報をもとに最寄りの巡洋艦は通報海域に急行するようになっている（海軍本部はすべての関係船舶に対し、疑わし船舶と接触を見た場合は〈QQQ信号〉〈ワレ不審船ト遭遇シツツアリ〉を、実際に攻撃を受けた場合には〈RRR信号〉〈ワレ通商破壊艦ノ攻撃ヲ受ケツツアリ〉を打電するように指示していた）。また通商破壊艦の捜索には、他の巡洋艦や基地偵察機との無線通信も用いられている。しかし、海軍本部は巡洋艦の各艦長に対して、敵との接触時を除き、哨戒中は無線封止すべき旨を再三通達していた。過度の無線通信は、通商破壊艦に対する警告にもなってしまうからだ。このような厳重に過ぎる警戒が、危険きわまりないジレンマを生んだ。巡洋艦の艦長が疑わしい船舶を識別しようとするならば、その海域に近い港湾に問い合わせるのが最善である。しかし、これをあけすけに実施すれば巡洋艦側が自ら奇襲効果を放棄するのと同じことになる。こうした理由から、海軍上層部は無線の使用を好ましく思ってはいなかったが、無線こそが仮装巡洋艦を追い詰めるにはもっとも効果が期待できる武器だった。1940年時点のイギリス巡洋艦は、有効送信距離が1,000マイルほどのType36ないしType48中波送信機を装備していた。したがって、沿岸拠点から同送信機の有効範囲外に出てしまった巡洋艦は、作戦情報を共有できなくなり、外部からの支援をあてにできない、まさに「電源プラグを外された」状況に陥ってしまうのだ。

　仮装巡洋艦を凌ぐ高速性能も、確かに正規巡洋艦の有利な点ではあるが、実際はほとんど意味をなさなかった。敵の通商破壊艦を捕捉撃破できるかどうか、その可能性を高めるのは一にも二にも泊地や拠点を後にしてどれだけ洋上での哨戒活動に従事できるか、その時間の長さにかかっていたからだ。キツネを追う猟犬のようにインド洋を駆け巡りたい。巡洋艦の

ロンドン級巡洋艦「シュロップシャー」の主通信室。ドイツ海軍の仮装巡洋艦を狩り出す上で、無線は最大の武器となった。疑わしい船舶の確認手段として、これ以上の装置はないからだ。しかし、哨戒任務にあたる巡洋艦に無線封止を強いるという誤判断によって、イギリス海軍は自ら利点を放棄してしまうこともあった。（IWN,A7599）

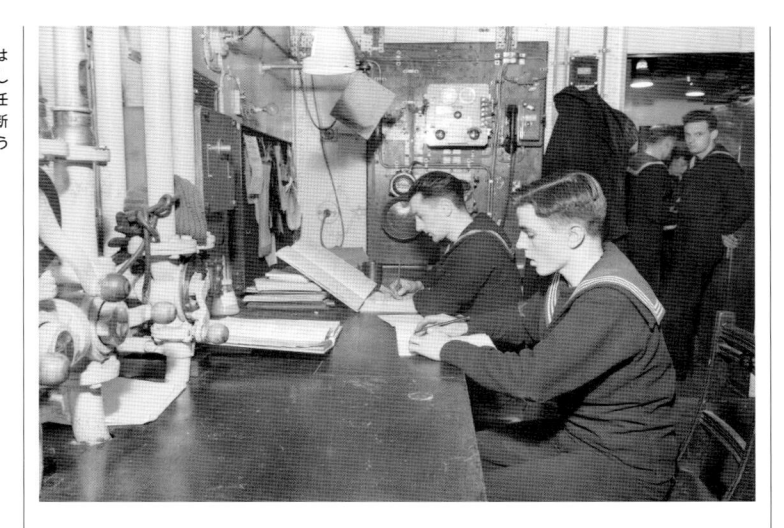

艦長なら、誰でもそう望むに違いないが、巡洋艦の航続距離は時速12～14ノットの巡航速度を想定している。例えば、1921年以降に建造されたイギリス巡洋艦は、経済速度を維持することを前提に、30日の間の洋上作戦を遂行できるようになっていた。しかし、アリシューザ級やリアンダー級巡洋艦は、第1次世界大戦の骨董品と同じように2週間しか哨戒活動ができない。また30ノットにまで速度を上げてしまえば、当然、航続距離は激減する。結果、通商破壊艦の捜索に赴いた巡洋艦は、通常10日程度の洋上作戦を実施した後に、基地に帰投する。以上のような航続距離の制限に加え、イギリス海軍全体で洋上補給の導入が遅れた結果、巡洋艦の哨戒距離は拠点からせいぜい500～600マイルの範囲に限定されることになる。さらに事態を悪化させる要因があった。通商破壊阻止の可否にかかわらず、哨戒行動に酷使される巡洋艦は主機主缶の損耗がひどく、船団護衛にも駆り出された結果、1940年から41年にかけてのイギリス巡洋艦は、年間6万マイルもの航海を強いられていたのである。このような酷使環境にあって、機械的信頼性が常に作戦遂行上の心配の種になり、現場の作戦指導部も手持ちの巡洋艦を酷使することにためらいを感じるようになっていた。損耗した船はドック入りして修復しなければならないからだ。以上の要素が互いに影響しあい、作戦範囲が限定された巡洋艦隊には、南大西洋やインド洋などの広大な海域の防衛は手に余ることが明らかになり、一方のドイツの仮装巡洋艦は、この無人の大海原を隠れ家にして暴れ回ったのである。

　イギリス巡洋艦単艦で敵仮装巡洋艦を発見しようとすると、今度は索

イギリス空軍第205飛行隊所属のショートS.19シンガポール飛行艇。1941年10月まで、部隊は極東及びインド洋で哨戒飛行に従事していた。仮装巡洋艦コメートおよびオリオン捜索のために、同機4機がニュージーランド空軍第5飛行隊に貸与されて、フィジー諸島を根拠地に活動した。しかし、同機の航続時間はわずか6時間、索敵距離は200マイルに限られていた。（IWM,CH2556）

イギリス巡洋艦の索敵範囲は、天候の急変によって妨害されることが多かった。写真はGIUKギャップで悪天候時に作戦中の軽巡洋艦シェフィールドだが、これでは敵仮装巡洋艦の索敵どころではないのは言うまでもない。（IWM,A14892）

敵用装備の貧弱さが足かせとなる。時速14ノットで航行する場合、巡洋艦は1日あたり約300海里（約540km）進む事になり、天候や視認状況が良好だったと仮定すると、理論上は約3,500平方マイルの範囲を索敵できることになる。そして、1日に1回、ウォーラス水上偵察機を使用できれば、索敵範囲は10倍近い3万5,000平方マイルにまで拡大する。もちろん、第1次世界大戦時の巡洋艦や武装商船は水上偵察機を搭載していないし、最新鋭巡洋艦といえども、夜間や悪天候時には索敵範囲が激減してしまう。それでも、ケント級巡洋艦が30日間の哨戒を実施した場合、捜索海域の広さは100万平方マイルに達する計算となる。一見、この数字は素晴らしい索敵能力に見えるかもしれない。しかし、仮装巡洋艦が活動舞台にすると想定される南大西洋、インド洋、そして太平洋の広さは5,000万平方マイルにも及ぶことを知れば、この数字がいかに限定されたものかわかるだろう。インド洋での実例を見よう。1941年を通じ、イギリス海軍はこの海域に20隻の巡洋艦、武装商船を投入したが、仮に同日に全艦を索敵に投入したとしても、その日に捜索可能な範囲は、全海面の2%に過ぎない［訳註16］。

1920年以降にイギリスが建造した巡洋艦は、すべて1～3機のスーパーマリン製ウォーラス水上偵察機を搭載している。この軽量索敵機は、カタパルト射出でも、水上からの自走発進のどちらでも発進可能である。離発着には天候条件が良好でなければならず、かつ巡洋艦は水上偵察機の発艦や収容作業のために15分間にわたって動きを止めていなければならない。

訳註16：もちろん、商船が用いる航路はある程度限られているので、大洋全域を隈無く捜索するということはありえない。しかし、海軍作戦局からの情報や、拿捕した商船の書類、訊問などで、仮装巡洋艦は主立った敵巡洋艦の動きを大ざっぱではあるが把握していた。したがって、危機を察知して身を潜めるのは容易だった。

通商破壊艦の捜索にかり出されたイギリス巡洋艦は、ほとんどの場合、1機以上の水上偵察機を運用していた。これらはカタパルト発射、あるいはクレーンで海面に下ろしてからの自走離水のどちらでも発進可能だった。ウォーラス水上偵察機の航続時間は4時間30分に限られていたが、天候状況に恵まれている限り、巡洋艦を指揮する艦長にきわめて重要な情報をもたらすことになる。事実、仮装巡洋艦ピンギン、アトランティスの2隻を発見したのは、ウォーラス水上偵察機であった。（IWM,A9271）

しかし、ひとたび飛び立ってしまえば、ウォーラス水上偵察機は母艦から時計回りに偵察飛行して、艦の周囲100マイルに監視の目を配ることができるのだ。これは従来の単艦索敵では想像できないほどの広がりである。経験豊富なイギリス海軍の巡洋艦艦長は、仮装巡洋艦を見つけ出すために、目一杯、水上偵察機を活用しようと考えた。しかし、離発着の煩わしい手順を嫌っていた艦長もかなりいた。

　仮装巡洋艦を発見したあとはどうなるか。砲撃戦となれば巡洋艦の火力は圧倒的に有利である。イギリス重巡洋艦が搭載している50口径Mk.Ⅷ 8インチ砲は射程が3万ヤードあり、せいぜい1万6,400ヤードほどの射程しかない仮装巡洋艦の15センチ砲を圧倒している。これは1発の砲弾の重さ、すなわち命中時の破壊力も含めての話である。ただし、ドイツ側の砲撃回数は1分あたりイギリス軍の約2倍あるので、1万1,000ヤード以内の砲撃戦になると、砲弾投射量の差でイギリス側が不利になる。さらに、仮装巡洋艦はイギリスよりも50％ほど多くの砲弾を積んでいるので、消耗を気にせずに砲撃戦に集中できる。条約型巡洋艦に搭載された50口径Mk.XXⅢ 6インチ砲は、ドイツの旧式15㎝砲に対し、射程で8,700ヤードほど上回っていて、射撃速度も優れていた。また洗練された射撃指揮所を介した射撃管制システムを利用できる巡洋艦は、昼間戦闘であれば一方的な砲撃戦を展開できるだろう。1941年1月には、一部の巡洋艦にType284水上射撃レーダーが搭載された。この装置は理論上は目視範囲が限られた環境下での索敵能力を向上させるはずだったが、実戦においては役立たずであることが間もなく判明した。

巡洋艦シドニー　Mk.XXI連装砲塔

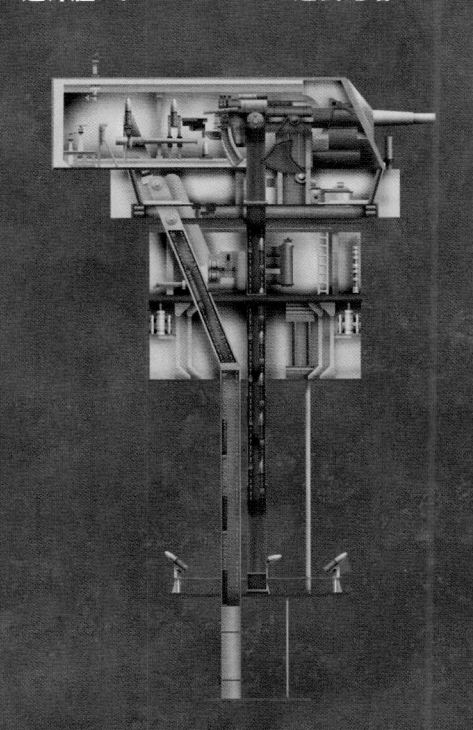

　巡洋艦シドニーの50口径6インチ連装砲は、砲尾装弾式で112ポンドの砲弾を、絹製の袋に詰められた30ポンドのコルダイト火薬が詰まった薬嚢を使って撃ち出す仕組みになっている。

　砲弾と薬嚢は下層デッキから別々の揚弾機で砲塔まで持ち上げられる。砲塔に達した砲弾は、まず人力で取り出されて装弾トレイに置かれ、砲尾に押し込まれる。薬嚢は目標までの射撃距離に合わせて装填数が決まり、砲弾の後ろから押し込まれる。

　砲塔1基あたりの27名の要員が詰めている。主砲の射撃は、射撃指揮所、砲塔のどちらからでも実施できる。

実用化：1933年
射撃速度：5〜6発／分
最大射程：2万3,300m／仰角45度
最大初速：841m／秒
砲弾貯蔵量：砲1門あたり200発

イギリス巡洋艦は、通常、4インチ対空砲デッキの真下に2基の4連装魚雷発射管を搭載している。21インチMk.IX魚雷の有効射程は9,800～1万3,000ヤードである。仮装巡洋艦コルモランとの海戦で、巡洋艦シドニーは合計6本の魚雷を発射したが、命中弾は得られなかった。(IWM,A7964)

　旧式巡洋艦に絞った戦闘能力を見てみよう。45口径Mk.XII 6インチ砲を搭載した旧式巡洋艦や、45口径Mk.VII 6インチ単装砲を搭載した武装商船は、有効射程、発射速度の両面でドイツの15cm砲に及ばない。もしイギリス巡洋艦の射撃が、装甲など紙も同然の仮装巡洋艦に命中すれば、貧弱な船体は瞬く間に引きちぎられてしまうはずだが、1941年時点での武装商船の主砲命中率は、目を背けたくなるほど酷い。例えば、仮装巡洋艦トールを相手に、延べ3隻の武装商船が合計1,000発を超える主砲を発射しているが、命中弾はわずか2発で、しかも致命部位を外している。もっとも、ケント級巡洋艦でさえ、中距離砲戦を想定した射撃命中率は3％程度に過ぎないのだが。

　では、第1次世界大戦以降の巡洋艦はどうなるかというと、1920年から1935年にかけて建造された、いわゆる条約型巡洋艦は、もし仮装巡洋艦の正体に気づかず、近距離から砲撃や雷撃を受けた場合、耐えきれない可能性が高い。条約型巡洋艦は装甲が貧弱で、致命部位に命中した場合、その耐久性は大型船体を採用した軽巡洋艦よりも低いと考えられる。戦争が始まるより以前に、艦橋構造物に付設した射撃指揮所の脆弱さに気づいていた海軍は、主砲運用のバックアップシステムの必要性を感じていた。しかし限られた予算では補修さえままならないのが実情だった。また条約型巡洋艦では、重量軽減策の一環としてバルブや船体の一部にアルミ合金を積極的に取り入れていたが、結果として船内火災に弱くなる弊害が生じてしまった。

Mk.XXIII 6インチ3連装砲塔内での装弾訓練の様子。巡洋艦「ジャマイカ」にて撮影。砲塔要員は全員、閃光防護用の被服をまとっている。最前面の水兵は重量30ポンドの薬嚢を装弾トレイに運搬する最中であり、足下の揚弾機からは次発用の薬嚢が頭を覗かせている。(IWM,A16320)

ドイツ
German

仮装巡洋艦の特徴は5つ。火力、速力、航続距離、ベルリンに本拠を構える海軍作戦局との連絡手段、危機回避能力、それぞれの技術的特徴に触れる必要があるだろう。作戦の成功と生存はこの5つの要素を維持できる度合いにかかっている。相互に関連する以上の要素が適切に機能すれば、例え敵海軍の正規巡洋艦が相手であっても、仮装巡洋艦は油断ならない軍艦となる。

仮装巡洋艦の主武装は45口径15cm SK砲である。基本的に1隻あたり6門搭載しているが、配置上の制限から、片舷には3門しか指向できない[訳註17]。しかし、仮装巡洋艦の実力は、射撃速度の速さに秘められている。戦闘が勃発すると、まず緒戦は砲撃速度で敵艦を圧倒すべく、仮装巡洋艦の備砲要員たちは最高の発射回数を維持できるよう、徹底的に訓練されていた。具体的には、1分あたり3〜4発の発射速度を1時間維持できるようにする技量が求められた。極端な例では、仮装巡洋艦トールとコルモランが、1分あたり7発の射撃を達成しているが、砲身の加熱事故が懸念されるため、このようなペースでの射撃を長時間続けることは不可能である。また発射速度を上げすぎると、駐退器の故障を誘発し、砲が使用不能になる恐れもある。砲撃戦の最中に故障したら一巻の終わりだ。

備砲要員は、獲物となる商船との間で起こりうる様々な事態に備えて、普段から砲術技量を磨いていたので、3,300〜4,400ヤードの距離ならば、目標にピンポイントで命中させることができた。というのも、初弾斉射で敵艦の艦橋と通信室を破壊する必要があったからだ。長距離砲撃戦の場合、例えば8,700mでの15cm砲の命中率は5％、1万5,000mでは1％を記録している。仮装巡洋艦は、砲弾1,800発を積載するのを通例としているが、その大半はL/4.1高性能榴弾であり、徹甲弾もわずかではあるが用意されていた。通常の商船、ないし武装商船を相手とする場合は1万5,000ヤードからの砲撃でも充分な効果は期待できたが、適切な装甲を有した戦闘艦が相手の場合、5,500ヤードまで接近しないと有効弾は見込めなかった。

仮装巡洋艦の備砲を指揮する砲術士官は、RU-Em 3mステレオ式測距儀を使って、目標までの距離を計測する。アトランティスの場合、測距儀は操舵室直上の給水タンクに艤装していた。しかし、艤装をかなぐり捨てる瞬間までは主要測距儀を使用できないのが仮装巡洋艦だ。砲術士官は敵艦に接近している間に、密かに手持ち式の距離計を使って準備していた。そして3m測距儀が使用可能になった後は、いささか時代物と言える1910年式電信機を介して伝達された射撃データを基に、各砲座が斉射準備に入る

訳註17：備砲は貨物に見えるようにコンテナ状の箱に覆われたり、船体側面の装具に偽装しているので、通常の軍艦のような首尾線配置は難しく、19世紀の装甲艦のように、舷側砲とならざるを得なかった。交戦を決意した仮装巡洋艦が、敵側に側面を暴露するように動くのは、備砲配置の制約が理由である。したがって、平均6門搭載していても、片舷には平均3門、運がよくて4門しか指向できなかった。

15cm砲操作訓練中の備砲要員。熱帯での作戦中とあって、シャツも含めて軽装である。通商破壊で培った数ヶ月の実戦経験は、彼ら備砲要員を1万m以内の距離における恐るべき魔弾の射手へと変貌させていた。〔著者所有〕

のである。

　ステレオ式測距儀を活用するには優れた砲術要員が不可欠だが、努力の甲斐もあって、仮装巡洋艦の砲撃システムは、イギリス巡洋艦より迅速に射撃を繰り出す能力を有していた。もちろん、仮装巡洋艦の射撃指揮システムは擲弾命中時の破片効果に脆弱な上、1万2,000ヤード以遠の砲撃戦には不向きという欠点はあった。

　敵巡洋艦に対して、主砲に次いで効果があるのが魚雷で、両舷に533㎜連装魚雷発射管が据えられていた。使用されるG7aT1魚雷は、時速44ノットで、射程6,500ヤードだが、低速モードなら1万5,000ヤードまで射程を延伸できた。通例、仮装巡洋艦は敵艦が回避行動をとる前の開戦時か、そうでなければ敵艦を処分する際に魚雷を用いている。魚雷が命中した場合は、弾頭に仕込まれた660ポンドの爆薬によって、巡洋艦でさえ撃沈ないし戦闘不能の損害を与えられると期待できる。しかし、仮装巡洋艦の大半は、魚雷関連の不備が見いだされるより前にすでに魚雷発射管を搭載していたため、常に信頼性の低さに悩まされていた[訳註18]。1940年から41年にかけて発射された42本の魚雷のうち、命中して損害を与えた魚雷は25本しかなく、大半は停止目標を処分する際に使用された魚雷だった。1941年7月29日、仮装巡洋艦オリオンは、イギリス貨物船チョーサーに6,500m以内の距離から6本の魚雷を発射したが、命中したのは2本だけで、しかも不発弾だった。このような有様では、移動目標に対しては、ドイツ軍の魚雷性能は実にお粗末なのも驚くにはあたらない。仮装巡洋艦コルモランは、巡洋艦シドニーとの戦いで、ゼロ距離発射だったにもかかわらず、魚雷を1本しか命中させられなかった。

　仮装巡洋艦に高速船はなく、どの船の最高時速もおおむね14〜18マイルに留まっている。この程度の速度では、しばしば獲物であるはずの敵商船より遅いこともあった。しかし、標準的な商船に対してはその進路を妨害し、かつ商船の救難信号を受信したイギリスの哨戒部隊が該当海域に到着する前に姿を消す必要があったことから、仮装巡洋艦は充分な速度性能を持っていなければならない。しかし、ヴィデルやオリオン、コルモランをはじめ、一部の仮装巡洋艦は主機にトラブルを抱えたまま作戦に従事している有様で、修理のためにエンジンを止めて洋上を漂流することもたびたびあった。当然、イギリスの哨戒網に引っかかる可能性は上昇する。それでも、主機不調につき常時7ノットの速度制限を強いられた状態で作戦を続けていたヴィデルを除けば、仮装巡洋艦はすべて作戦遂行上は支障に

訳註18：仮装巡洋艦が使用した魚雷は、口径53㎝（21インチ）の空気式魚雷G7aと電池推進式魚雷でG7eの2種類、どちらも潜水艦標準の魚雷で、ドイツ海軍では水上艦にも同じ魚雷を装備していた。前者は気泡を放出してしまうために夜間使用に限定されている。どちらも高速モードでの射程は5,000〜6,000mほどだが（低速モードで2倍に延伸可能）、大戦初期は誤作動が多く、信頼性を欠いていて、本書でも見られるように、しばしば作戦の足を引っ張る事になった。

補給艦から燃料供給を受ける仮装巡洋艦。海軍は洋上補給能力の研究開発に力を入れていたが、これがインド洋や太平洋での通商破壊作戦を可能とする原動力となった。（著者所有）

ならない速度性能を発揮できていたと言える。

　通商破壊作戦の上で鍵となるのは航続距離、もっと正確には洋上作戦継続期間だろう。この点で最悪だったのがヴィデルで、1日あたり23トンの燃料を消費する同艦は、130日間しか作戦に従事できなかった。逆に優秀なのが比較的新しいコルモランで、1日の燃料消費量は8.5トン、連続作戦継続期間は352日間である。イギリスとは異なり、ドイツ海軍は通商破壊作戦において、最初から洋上補給を計画に組み込んでいたので、洋上補給に頼る以外にも、仮装巡洋艦は捕獲したタンカーなどから燃料を抜き取って作戦継続期間を延伸できた。

　イギリスの武装商船を相手に3回の海戦をくぐり抜け、1,600発の15㎝砲弾を消費してしまったトールを除けば、弾薬不足に悩んだ仮装巡洋艦はいなかった。アトランティスは347名の乗組員のために4ヶ月分の真水を積んで出港したが、100名以上の捕虜を移乗させた結果、水不足の不安にさいなまれることになった。実際、仮装巡洋艦では水の配分を厳格にしなければならないので、3〜4ヶ月ごとの真水の補給は必須である。水不足は艦内の士気に如実に悪影響を及ぼすからだ。士気の維持には、食糧供給も大きく影響する。仮装巡洋艦は乾燥食料には事欠かなかったものの、艦長らは果物や野菜、肉などの生鮮食品の他、ビールなどのアルコール飲料を少なくとも4ヶ月ごとに乗組員に供給できる支援体制を求めている。実際、ドイツ海軍の水兵は新鮮な豚肉食品への欲求が強く、洋上補給時に無数の生きた豚が引き渡された。ひどい手間だが、祖国を遠く離れて1年以上も航海を続ける水兵たちの孤独を癒すのに、食事の影響を無視することはできなかったのだ。アトランティスの戦時日誌には、1940年7月から翌年の5月にかけて、このような豚の供給を8回に渡って受けたことが、実に真面目な筆致で書かれている。

　洋上補給の手順は、まずベルリンの海軍作戦局と連絡を取って、補給艦との合流地点を決めるところから始まる。またイギリスの哨戒を避けつつ、連合国の商船を襲撃する機会を捉えるために、仮装巡洋艦は最新の軍事情勢はもちろん、天候に関する情報も必要としていた。海軍作戦局はブレーメン近郊のノルトダイヒに設置した100kw送信機を通じ、連日3時間かけて仮装巡洋艦各艦に情報を伝達している。仮装巡洋艦はローレンツHF送信機から、エニグマ暗号装置を介して特殊コードが与えられた5文字の短信を海軍作戦局に送り、状況報告としていた。またイギリス船から奪った無線器を使って、偽の通信文を流すこともあった。

　そして、仮装巡洋艦のもっとも基本的な特徴をなすのが、優勢な敵巡洋艦との遭遇を回避する偽装能力である。貨物船ゴルデンフェルスは、シルエットが類似した船が26隻もあるという理由が決め手となって、仮装巡洋艦のベースとして選ばれたが、仮装巡洋艦アトランティスとして就役した後は、20ヶ月にもおよぶ作戦航海の間に、10回も外見を艤装して別の

連合軍の哨戒機が運良く仮装巡洋艦を発見しても、通常の哨戒飛行高度から偽装を見破るのは極めて困難だった。写真はオランダ船籍貨物船に偽装しているアトランティスで、武装の存在はどこにも確認できない。（著者所有）

仮装巡洋艦に収容作業中のアラドAr196-A水上偵察機。離着艦作業の度に損傷する機体が続出したが、水上偵察機は接近する連合軍哨戒艦を早期発見する切り札となり、通商破壊戦には不可欠の装備だった。（NARA）

船になりすましている。仮装巡洋艦は、大量の塗料やキャンバス、木材、外国の旗などを積み込んでいて、乗組員はこれらの資材を駆使して、数日のうちに船の外見を変えることができる。たいていの場合、偽煙突の取り付けや撤去、艦橋構造の偽装、マストの伸縮や撤去などをはじめとする、外見上の変更が最初に着手する部分である。15cm砲も様々な艦上の構造物に艤装されるのは言うまでもない。また甲板要員は民間人の被服を着るように指示されているが、一見しただけでは無害な船にしか見えないように、例えば乳母車を押す婦人に変装する船員までいた。こうした艤装は、たびたびイギリスの哨戒船を騙し仰せている。1941年5月18日、オランダ船籍の貨物船に偽装したアトランティスは、イギリスの戦艦ネルソンからほんの8,000ヤードのところを通過しているが、疑いを持たれる事はなかった。また、イギリスの水上偵察機が仮装巡洋艦の上空を飛び交うことは幾度もあったが、ドイツ人水兵がしでかした偽装漏れを見抜くには飛行高度が高すぎたようだ。

　もちろん、仮装巡洋艦はイギリス軍艦との接触そのものを避けることを最重要視し、偽装は獲物となる商船を奇襲するための手段だと考えていた。艦長は、自艦から100マイル以内の海域に商船または敵の軍艦が存在しているかどうか調べるために、積極的に水上偵察機を飛ばして、安全確保に努めていた。アトランティス、ヴィデル、ピンギンはハインケルHe114B水上偵察機を、他の4隻はアラドAr196-A水上偵察機を搭載していた。このうちHe114Bは6機のうち4機が事故で失われ、外洋での離着水に不向きであることが判明した。また多くの場合、水上偵察機はフランスないしイギリスの識別記章を機体に描いていたが、少なくとも遠距離からであれば、敵の目をごまかせるだろうと期待されての措置である。

仮装巡洋艦	時速10ノット航行時の燃料消費量（トン／日）	再補給までの日数
オリオン	20	145
アトランティス	12	250
ヴィデル	23	130
トール	13	166
ピンギン	18	207
コメート	11	193
コルモラン	8.5	352

対決前夜
Strategic Situation

其の必ず趨く所に出で、その意わざる所に趨く
——孫子

　イギリスに通商破壊戦を挑む決意を固めたドイツ海軍が、仮装巡洋艦の出撃準備をしてから3日後の1939年9月6日、イギリス海軍はグリーンランド―アイスランド―イギリス本土間海域、略してGIUKギャップと呼ばれる海域に監視の目を光らせるための、北方哨戒網を整備した。最初にこの任務に割り当てられたのは、旧式巡洋艦8隻からなる第7および第12巡洋艦戦隊であり、彼らはドイツに帰港しようと急いでいた商船多数を拿捕することができた。しかし一方で、C級、D級、E級軽巡洋艦が荒海で知られる北大西洋での哨戒任務に適さないことがいよいよ明らかになり、作戦稼働日数の少なさも問題視された。海軍本部はこれらの巡洋艦を任務から退けて、代わりに武装商船をあて、1940年2月には武装商船だけで北方哨戒網を守るようになっていた。その実情は「トランシルヴァニア」「スコットーン」の2隻の武装商船で幅180マイルのデンマーク海峡を哨戒するというもので、時には哨戒範囲はフェロー諸島方面まで及ぶこともあった。武装商船は索敵レーダーや水上偵察機を搭載しておらず、海峡は頻繁に霧が発生することで知られていたが、トランシルヴァニアは1939年10月から1940年3月にかけて、ドイツを目指す貨物船3隻を拿捕していることもあって、海軍本部はGIUKギャップの安全に自信を抱いていた。第1次世界大戦では北海で3隻の仮装巡洋艦を仕留めた実績から、今回も同じように大西洋進出を図る仮装巡洋艦を、ある程度は北方哨戒網で食い止められるだろうと、イギリス海軍本部は信じていたのだ。

　ドイツ海軍総司令部は仮装巡洋艦を1940年1月に投入しようと考えていたが、この冬はバルト海の氷結が厳しく、3月まで延期せざるを得なかった。しかし、この遅延は返って彼女たちに味方したと言える。アトランティスとオリオン、2隻の仮装巡洋艦が航行中に、ドイツ軍のノルウェー侵攻が行なわれ、イギリス海軍はこれに対応するため、デンマーク海峡から部隊を引き上げていたので、哨戒が手薄になっていたからだ。続く3隻、ヴィデル、トール、ピンギンは、今度はドイツ軍のフランス侵攻でイギリスが混乱状態にある隙に海峡を突破している。こうして1940年4月6日から6月30日にかけてデンマーク海峡を突破した仮装巡洋艦のうち、4隻は中立国であるソ連船籍の貨物船に、1隻は同じく中立国であるスウェーデン船籍の貨物船に偽装していた。哨戒を任されていた武装商船トランシルヴァニアは捕捉にことごとく失敗している。このようにしてイギリス海軍の隙を突いて哨戒網をすり抜けた5隻の仮装巡洋艦にとって、武装商船はほとんど脅威とはならなかった。同年末までには、北方哨戒網は大幅に強

化されていたが、それでも1940年12月13日にコルモランがデンマーク海峡突破に成功したように、依然としてGIUKギャップは穴だらけだったのである。

　1939年に締結したモロトフ＝リッベントロップ協定 [訳註19] の好意的解釈に期待して、ドイツ海軍はソ連領海となっている北極海経由で、太平洋に4隻の仮装巡洋艦を投入しようと考えた。ソ連の砕氷船が使用できれば、1940年8月に北極海に進出したコメートは、1ヶ月後には太平洋に到達する。この航路にはイギリスの妨害が及ばない利点があったが、ソ連の態度が曖昧で、スターリンはコメート通過の見返りとして95万ライヒスマルクを要求してきた。結果として、コメートによるソ連領海通過は困難と判断され、以後、海軍作戦局はこの類の計画を一切考慮しなくなった。

　フランス陥落後、ヒトラーはイギリスを交渉のテーブルに引っ張り出すために、Uボートや長距離攻撃機Fw200コンドル、水上艦艇など、あらゆる戦力を投入して、その海上交通に圧迫を加えようとした。しかし、作戦範囲は主に北大西洋に限定されていて、南大西洋における通商破壊は、1940年の段階では一握りのUボートや水上艦による散発的な戦果に留まっていた。この点、南大西洋からインド洋、太平洋にかけて活動する仮装巡洋艦は、ドイツ海軍に極めて対費用効果に優れた戦果をもたらしていた。ドイツ海軍が手出しできなかったイギリス近海の「聖域」とは違い、さすがのイギリスにも手に余るほど広大な海域が、作戦の自由を保障していたからだ。海軍作戦局は仮装巡洋艦に3つの役割を期待していた。敵の商船を沈めて物理的な損害を与えること、全世界に広がるイギリスの遠洋航路を寸断すること、そしてイギリス海軍に大がかりな捜索を強いて、海軍力を疲弊させることである。

　仮装巡洋艦は本国から遠く離れて作戦に従事することになるが、海軍作戦局は（補給局（エタッペンディーンスト）として知られる）極秘洋上補給システムの構築に全力を注いで、仮装巡洋艦の作戦稼働時間を伸ばそうとした。第2次世界大戦の勃発によって、246隻のドイツ船籍商船が、世界の海に取り残された。この中には、ドイツ商船を名目上は「拘留」し、実際は港湾への出入りを黙認していた日本やブラジルのような友好国に潜り込めた船も含むが、このうちかなりの貨物船やタンカーが海軍の補助艦艇となって、太平洋やインド洋の遠方洋上で、仮装巡洋艦への補給に従事していた。日本の協力は控え目ながらも重要だった。海軍作戦局はイタリア領となっている東アフリカを、インド洋での活動拠点として使用できるようイタリア政府に協力を求めていたが、彼らの協力は最小限に留められていた。

　補給局が手配する補給艦との接触に際しては、仮装巡洋艦は安全と思われる海域を暗号で指定して、補給艦を誘導している。Uボートとは異なり、仮装巡洋艦は敵商船を撃沈、拿捕するごとに少なからぬ捕虜を自艦に移乗しなければならなかったが、これは物資の消費を早め、通商破壊戦遂行の足かせとなる。そこで海軍作戦局は遠隔地の島嶼、あるいは洋上を、補給艦との秘密接触地点に利用することに決めている。よく知られているのが、「アンダルシア」と呼ばれた南大西洋のトリスタン・ダ・クーニャ諸島で、1939年11月にはポケット船艦「アドミラル・グラフ・シュペー」が、この海域で補給艦アルトマルクと接触している。インド洋では、ケルゲレン諸島が候補地となった。1874年12月、ドイツ海軍の調査船ガゼル号はこ

訳註19：ポーランド侵攻に際して、ソ連の好意的中立を取り付けたいヒトラーと、英仏がドイツをソ連にけしかけようとしていると疑っていたソ連の独裁者スターリンの間で、1939年8月23日に締結にこぎ着けた外交協定。独ソ不可侵条約とも呼ばれる。共産主義を不倶戴天の敵と言明していたヒトラーの急転直下の政策変更は、世界中に衝撃を与えた。なお、協定にはポーランドやバルト3国、東欧諸国、フィンランドなどに対する独ソの「領土および政治的な再配置」に関する秘密議定書も交わされていた。この協定を元に、ソ連はバルト3国、およびフィンランドに軍事侵攻する。

仮装巡洋艦ヴィデルの艦橋を撮影。補給作業中は、水平線にイギリス巡洋艦が突然姿を見せるではないかという恐怖が常につきまとい、部署を問わず、どの乗組員も神経質になっていた。（NARA）

の島の調査を行なっている。海軍作戦局は当時の調査で判明していたケルゲレン諸島の真水補給源を利用すれば、仮装巡洋艦の補給を大いに利することになるだろうと結論している。洋上補給の可否が、遠洋海域での通商破壊の効率アップと作戦稼働時間の延長に決定的な要素であるという事実を、ドイツ海軍は充分に理解していたからだ。一方のイギリス海軍は、敵の補給事情に気づいていなかった。さらに加えるなら、1940年から41年にかけてイギリス海軍が通商破壊の阻止に血眼になっている間でさえ、ついにドイツの洋上補給システムを把握できなかった点も注目すべきだろう。

　1940年夏、仮装巡洋艦が広大な海上で本格的に活動を始めた時期、イギリス海軍は苦境のまっただ中にあった。同盟国フランスは戦争から脱落し、イタリア軍が参戦して、地中海も戦場になっていた。イギリス海軍の巡洋艦は、本国を敵の侵攻から守るだけでなく、大西洋航路で護送船団を先導し、地中海で艦隊作戦に従事し、さらに遠洋航路の防衛任務まで帯びることになった。1940年夏、この海域で行方不明になる商船が続出するにおよび、海軍本部は初めて、通商破壊艦が北方哨戒網を突破した事実を知り、今度は彼らを捜索、排除する必要に迫られた。仮装巡洋艦の排除任務は、フリータウンに拠点を置く南大西洋司令部（コマンド）と、セイロンに拠点を置く東インド洋司令部にゆだねられた。シンガポール、香港を拠点としている極東根拠地（チャイナ・ステーション）はオーストラリア海軍、ニュージーランド海軍と同様に、太平洋における担当海域の哨戒に従事している。1940年夏の時点で、南大西洋司令部は巡洋艦6隻と武装商船8隻、東インド洋司令部は巡洋艦3隻と武装商船4隻を保有していた。また、太平洋には巡洋艦8隻、武装商船7隻が展開していた。

　当初、イギリス海軍は割り当ての巡洋艦隊だけでも主要航路を重点的に哨戒すれば、通商破壊艦の方から網にかかってくるか、少なくとも〈RRR信号〉の発進海域に急行することで対処できると信じていた。しかし実際の展開はまったく異なっていた。犠牲となった商船の1/3は警報を発することさえできず、仮に発したとしても300マイル程度の有効通信範囲しかない貧弱な通信機では〈QQQ信号〉〈RRR信号〉のどちらも受信されないことが多かったのである。加えて、仮装巡洋艦の側でも犠牲となった商船の通信を解析して偽通信を発し、近海にいる巡洋艦に別の座標を通報して混乱させる術に習熟していった。このように事態が複雑になってくると、イギリス巡洋艦としては哨戒中に遭遇した商船の正体を迅速に確認するた

1941年、巡洋艦シドニーでの記念撮影。645名の乗員はすべて良く訓練され、地中海での作戦で自信を深めていた。しかし、仮装巡洋艦コルモランとの戦いで、全員が戦死している。(シドニー艦内で発見)

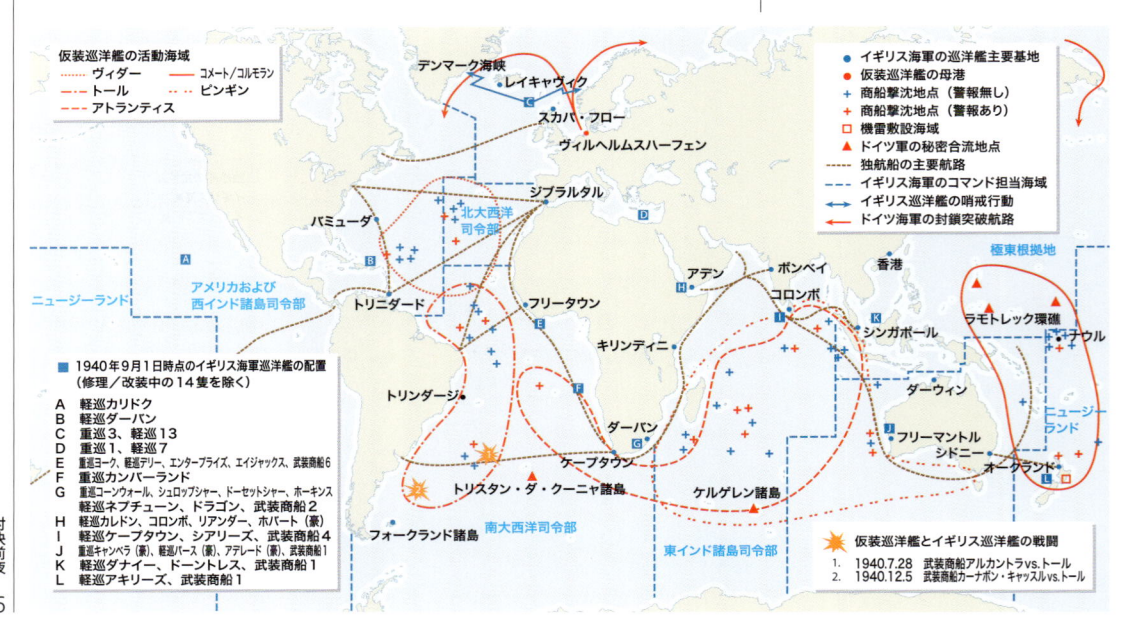

めの手段が信頼できなくなってくる。巡洋艦の艦長は戦前に出版されていたタルボット＝ブースの商船カタログガイドに頼っていたが、海軍作戦局も同じガイドを元に偽装を手引きしている。仮装巡洋艦は、このガイドを参照して選び出した商船のシルエットを、ほぼ完璧に模倣して偽装する。また商船はそれぞれ独自の無線コールサインを持っているが、開戦当初は守秘が甘く、比較的容易に仮装巡洋艦の偽装に利用されている。1940年12月になり、ようやくイギリス海軍本部は各商船の特殊コールサインに関する新システムを導入して、仮装巡洋艦が常套手段としていた偽の旗旒信号への対抗策を確立したが、確認手順が商船隊の隅々に浸透するまでには1年の時間を要しただけでなく、中立国の船舶には採用されなかった。

　海軍本部が通商破壊艦の有効な確認手段を持たず、それどころか軽視していた事実は、すぐに深刻な問題を引き起こした。1941年1月になってようやく、海軍本部は商船員の目撃情報を元に報告書を作成しているが、この極秘海軍本部艦隊命令143号（CAFO143）に附された報告は、通商破壊艦の武装に関して巡洋艦艦長に益する詳細が曖昧なままだった。識別手段の乏しさは、イギリス空軍をはじめ、英連邦諸国の空軍が実施していた哨戒活動を無意味にしていた。開戦当初から、イギリス海軍と空軍の連携は

1940年、大西洋への突破を謀るアトランティスでは、乗組員がソ連船員に見せかける偽装をしていた。ドイツ海軍の帽子は、キリル文字に見えるように逆向きにされた上で、赤い星を縫い付けられている。日本船籍の貨物船に偽装した場合も、稚拙さは覆い隠せなかったが、イギリスの艦船や哨戒機も確認技術が未熟だったので、期待どおりの効果を発揮した。(著者所有)

とても順調とは言えず、上空から通商破壊艦を識別するための手順も確立していなかった。シンガポールとセイロンを拠点とした第205飛行隊をはじめ、旧型飛行艇や水上偵察機を装備していたいくつかの部隊が例外となる他は、RAF自体が、海外拠点に洋上哨戒用の飛行機をわずかしか保有していなかった。オーストラリアとニュージーランドには3個哨戒飛行隊が展開していたが、装備と言えば航続距離が短くて性能も低いアヴロ・アンソンやブラックバーン・バフィンなどの性能劣悪な旧式機ばかりであった。1940年5月にロッキード・ハドソン偵察機の割り当てが始まり、オーストラリア空軍とニュージーランド空軍は、ようやく沿岸海域に満足行くパトロールを実施できるようになったのだ。RAFの第205飛行隊は、1941年中旬になってPBYカタリナ飛行艇を受領したが、それでもあまりにも広大なインド洋、中東周辺では、焼け石に水という状況だった。だがそれでも、南アフリカ空軍に比べれば遙かにましだ。彼らはドイツ製のユンカースJu86を18機保有していたが、これが最重要海域と呼ぶべき喜望峰周辺の哨戒にあたった主力偵察機だった。1939年12月2日には、このうち1機がドイツの補給艦「ワツッシ」を発見し、近海を哨戒中だった巡洋艦「サセックス」に無線連絡したことを知った集結中のドイツ艦は、一目散に逃走した。

　適切な航空支援も、レーダーも欠いたイギリス海軍および英連邦海軍の巡洋艦は、通商破壊の阻止に役立つ情報を、もっぱら沿岸拠点から提供される分析情報に頼っていた。イギリスの暗号解読部隊、通称「Y部隊(サービス)」は、1940年から41年にかけて、ドイツの海上通信における航路分析と方位測定に力を注ぎ、通商破壊艦の活動海域を特定する糸口をつかんでいた。しかし、ドイツ海軍のエニグマ暗号は解読が困難であり、エニグマ暗号機の実物とコード表を入手できた1941年6月になって、ようやくY部隊は暗号通信文の中身を掴めるようになったのである。だが、ようやく解読に成功した「近海」暗号(イギリス側呼称：ドルフィン)はUボートおよび本国

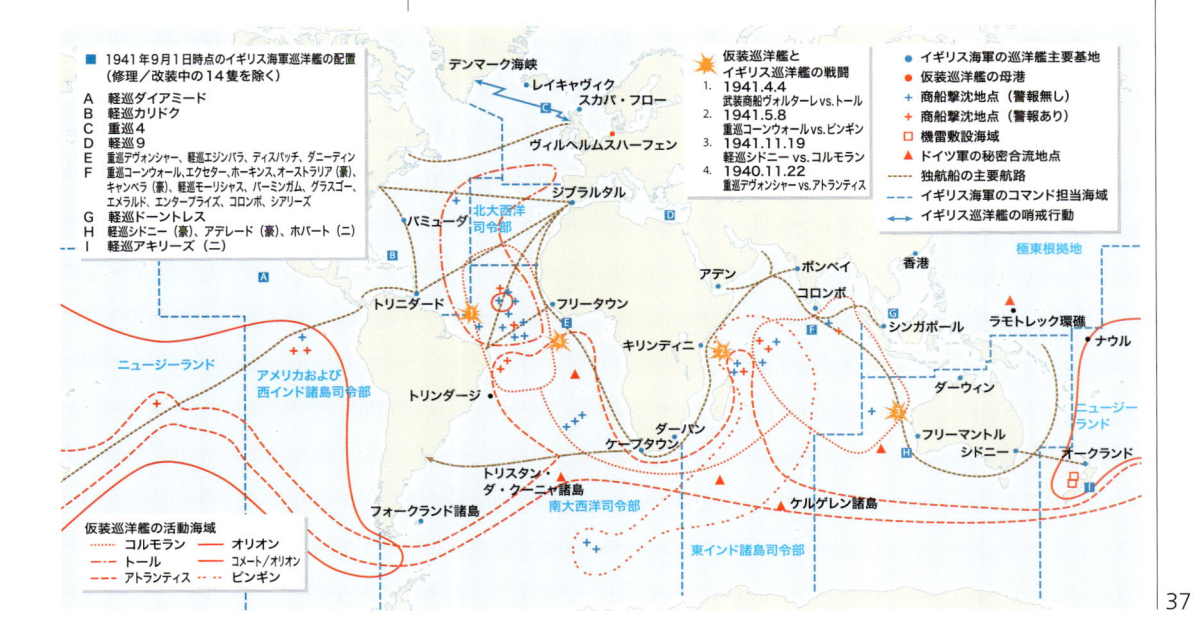

周辺海域の補給艦の動向に関する通信暗号であり、仮装巡洋艦には用いられていなかった。仮装巡洋艦が使用していた「遠洋」暗号（イギリス側呼称：パイク）というエニグマ暗号は、ついに解読されなかったのである［訳註20］。太平洋に目を移すと、事態はさらに深刻になっていたことがわかる。オーストラリアやニュージーランドには通信情報を処理する能力がなかったため、イギリスとエニグマ情報を共有できなかったからだ。以上の要素が相まって、イギリス海軍の情報部は、仮装巡洋艦の動きをおおざっぱにしか把握することができなかった。

　戦略的に活用できる情報を欠く以上、イギリス海軍の海外司令部では、商船が発する攻撃警報や、不審船警報、船員の目撃情報を重視するほかなかった。通商破壊艦からの攻撃を受けた商船の船長は、可能な限り長時間、「ワレ攻撃ヲ受ケツツアリ」を意味する〈RRR信号〉を送るように求められている。裏を返せばこれは、通商破壊艦の位置を正確に特定するために、攻撃を受けつつある商船を見殺しにするという、海軍本部の冷酷な判断ということになる。

　フリータウン、セイロン、シンガポールなどに常駐している海軍のスタッフは、商船からの通報を受けるや、近海を哨戒中の巡洋艦や航空機を投入して対処しようとする。しかし、救援部隊が到着する頃には、すでに通商破壊艦は危険海域を離れて姿を消している。1941年になると、海軍本部は指揮下の商船に対して、怪しいそぶりを見せる船を発見したら直ちに〈QQQ信号〉を出すように通達した。当然、誤報は激増したが、仮装巡洋艦が獲物に接近するのも困難になった。しかし、その前年の時点では、仮装巡洋艦からの攻撃を受けた際に、〈RRR信号〉を発することができた商船は全体の1/3に過ぎず、他の船舶は跡形もなく姿を消している。現場で取り得る手立てとしては、担当海域における商船の動きを逐次確認して、それを状況表に明示しながら、商船全体の動きを把握することが考えられる。仮装巡洋艦は、どの海域にも存在する中立船に偽装する傾向があるので、あぶり出しが期待できたのだ。仮装巡洋艦に捕らわれた後に解放された元捕虜からの聞き取り調査も役に立った。ドイツ海軍は、拿捕した商船が重要な物資を積載していた場合、これに捕虜と移送任務用の士官を移乗させて、本国ないし、占領地区に送って祖国に物資を届けようとしていたが、イギリス軍はたびたびこうした船の奪回に成功していた。したがって、捕虜となっていた船員や乗客からは、仮装巡洋艦について生の貴重な情報を引き出せたのである。イギリス海軍の情報部は、1940年に組織として動き出したときにはほとんど役にたってはいない。しかし1年もしないうちに、改善努力によって、時宜に即した適切な情報を巡洋艦隊に提供できるまでには洗練されていた。

　一方、ドイツ軍側の目線に立つと、ベルリンにある情報機関である監視局（通称〈B局〉）がイギリスの商船識別コードの解読に成功したことに加え、仮装巡洋艦が拿捕した船舶の押収書類や捕虜を通じて、イギリス船舶の動きや通信情報を得たこともあって、序盤は大きな成功を収めることができた。入手した情報を適切につなぎ合わせることで、監視局と海軍作戦局は、かなり長期にわたり、南大西洋、インド洋および太平洋における敵商船や海軍艦艇の動きを推測し、仮装巡洋艦に対して作戦行動に不可欠な情報を提供し続けていたのである。

訳註20：大西洋で猛威をふるうドイツ海軍Uボートの狼群戦術に対抗する必要に迫られたイギリスは、ドイツ海軍総司令部から各Uボートに送られる暗号通信を解読して、事前集結地点を割り出そうと血眼になった。結果としてドイツ空軍と陸軍で使用しているエニグマ暗号の解読には成功していたが、海軍エニグマは機密保持が厳重だった事もあって、解読が進まなかった。しかし拿捕した気象観測船やUボートから解読に不可欠なローターや暗号表の入手に成功し、1942末にはほぼ100％解読可能になっていた。

乗組員
Combatants

> 奪ったものなら何でもぜんぶ
> お国はかまわず大盤振る舞い
> 俺たちの大砲をトミーに突きつけろ
> 「世界の海」はドイツのものだ
> 総統に続いて
> 奴らの喉を切り裂いてやろう
> インド洋はもはや我らのものだ
> だからトミーよ、気をつけろ！
>
> ケーライン1等水兵、仮装巡洋艦ピンギン、1940年10月10日

イギリス／英連邦
British/Commonwealth

　イギリス海軍の重巡洋艦および軽巡洋艦には、560〜720名が乗り組んでいる。オーストラリア海軍の軽巡シドニーの乗員名簿には、1941年11月時点で645名がリストアップされていて、そのうち29名が士官だった。戦時としては珍しく、シドニーは現役士官が多いのが特徴で、予備役出身者は9名だけだった。しかし、シドニーの戦闘力を支える屋台骨は、58名の下士官であり、2人を除いて全員が、戦前からシドニーに乗り組んでいるベテランだった。さらに詳細を見ると、シドニーの下士官の平均年齢は33歳で、90％以上が海軍で最低6年以上の勤務経験を有している。一方、イギリス海軍の巡洋艦に目を向けると、予備役の割合が増え、徴兵が多くなっているものの、戦前から軍籍にある経験豊富な士官、下士官の数は変わらない。乗組員編成が急ごしらえにならざるを得ない仮装巡洋艦とは異なり、正規巡洋艦の乗組員は、長い年月を同じ艦で過ごしている

　1941年に仮装巡洋艦を相手に戦ったイギリスおよび英連邦諸国の巡洋艦艦長の年齢は、41歳から49歳で、同海軍の中で彼らは特に経験豊富な人材集団に位置している。とはいえ、ほとんどの艦長にとって巡洋艦を単独で作戦指揮するのは初めてで、もしそのような経験があっても、偽装を施した通商破壊艦を探し出し、撃沈するような任務にはあまり役に立ちそうもない。例えば重巡洋艦コーンウォールのパーシバル・マンウォーニング艦長は、インド洋で同艦を指揮する前は、本国近海で掃海艇を指揮していた。しかも、戦前の彼の軍歴は大半が地上勤務に費やされている。仮装巡洋艦を指揮したドイツ人艦長の積極性と比較すると、イギリス巡洋艦の艦長は総じて慎重で規則を厳守する傾向があり、型どおりの捜索をこなしつつ、哨戒水域に通商破壊艦が飛び込んでくるのを待ち構えているように

ラン・ジョセフ・バーネット大佐〔1899～1941〕
CAPTAIN JOSEPH BURNETT, RAN

　ジョセフ・バーネットは1899年12月、シドニー近郊のシングルトンという町で生まれた。バーネットが13歳になる頃から、オーストラリアは独自の海軍創隊に着手していたこともあり、彼は王立オーストラリア海軍学校に、第一期の少尉候補生として入校している。5年の訓練を経て新任少尉となったバーネットは、豪海軍巡洋艦「オーストラリア」の乗組員となるべく、第1次世界大戦下のイギリスに派遣された。戦争も残すところあと2年ということもあり、取り立てて大きな活躍の舞台もなく、バーネット自身もそれほど実のある経験を積んでいない。戦後、魅力的な海上勤務の機会を提示されたこともあり、バーネットはイギリス海軍に在籍して7年間を過ごしている。余暇にはテニスに熱中し、その腕前はウィンブルドンに招待されるほどであった。

　1920年には海軍大尉に昇進して砲術士官育成コースに乗るなど、昇進も順調であった。1924年には豪軽巡洋艦「アデレード」に砲術士官として着任しているが、この時、結婚のためにオーストラリアに帰国している。1927年には海軍少佐に昇進し、豪重巡「キャンベラ」で4年を過ごすことになった。1933年には海軍士官学校に赴任している。この頃、テオドール・デトメルスが「キャンベラ」を表敬訪問しているが、顔を合わす機会は逸していた。

　士官学校を終えた後、1934年に海軍中佐に昇進し、続く2

年をメルボルンでの地上勤務に費やしている。1936年には重巡「キャンベラ」に副長として着任し、1年後、今度はイギリスに派遣されて、戦艦「ロイヤル・オーク」の副長となったが、これはあくまでも短期間の研修に過ぎない。間もなく帝国防衛学校に入学し、戦争勃発とほぼ時を同じくして大佐に昇進した。

戦争が始まると、バーネット大佐はオーストラリアに帰国して海軍参謀本部の副参謀長に着任した。続く20ヶ月間、バーネットはオーストラリア海軍の動員と編成に携わりながら、シンガポールおよび太平洋の防衛計画に深く関与していた。帝国防衛学校での経験をすぐに生かせる強みもあって、彼の着任は時宜にかなった判断だったが、結果として洋上勤務の準備が充分でなかったと言えよう。バーネットは非の打ちどころのない経験を有する人材として、オーストラリア海軍では「将来を嘱望された優秀な士官」と見なされていた。

1941年5月、そんなバーネットに洋上勤務の機会が与えられた。軽巡「シドニー」の艦長職である。戦間期には、かなり長い時間を巡洋艦での勤務に費やしていたバーネットであるが、艦種を問わず艦長としては初めての経験であり、それが戦争中ともなれば、いささか心許なさが残る人事だったかもしれない。しかし、軽巡シドニーの乗組員はすでに地中海で豊富な経験を積んでいたし、オーストラリア周辺海域での哨戒任務は、新任艦長の肩慣らしにはうってつけと見なされたのだろう。1941年6月から10月にかけて、シドニーは6隻ほどの商船を護衛してニュージーランドとの間を往復していたが、この間に敵の姿は見ていない。このようにいささか刺激を欠く任務に半年ほど従事しているうちに、バーネットは居心地の良さを感じていたに違いない。

惜しむらくは、バーネットは本国に帰投する途中の艦にあって、緩みがちな乗組員の士気を引き締め直すような措置をとっていなかったらしいことだ。シドニーが「ダッチ・ストレート・マラッカ」号という貨物船を発見した際に、バーネットはこの船を不慣れなオランダ船籍の貨物船か、最悪でも敵の補給艦程度と見なしていたらしく、いずれにしても軽巡洋艦にとって恐ろしい敵であるとは想定していなかった。続いて起こるシドニーと仮装巡洋艦コルモランの戦闘の実態がどのようなものであれ、デトメルス艦長がバーネットの不意を突いたことだけは間違いない。バーネットは半ば伝統化していた昇進の階段を上る通過儀礼としての平時の巡洋艦勤務には申し分ない人材だったが、狡猾な敵を迎えての死と隣り合わせの任務には不適格だったのだろう。しかし、それは戦前において、イギリスやアメリカの海軍士官のほとんどに当てはまる実態でもある。

巡洋艦ケントの甲板上、8インチ連装砲塔の前でホッケーを楽しむ士官たち。1941年10月、スカパ・フロー泊地にて撮影。1941年の暮れにかけて、イギリス海軍が保有する巡洋艦の1/3が、戦闘による損傷か故障の修理のため、港に籠もった状態であり、終わりが見えない哨戒任務に従事していた多数の乗組員にとって貴重な休息の時間となった。（IWM, A7605）

訳註21：1940年5月末にスエズ運河を通過してアレクサンドリア港に到着した「シドニー」は、現地でイギリス地中海艦隊第7巡洋艦戦隊に編入された。6月、イタリアの宣戦布告により地中海が戦場となると、シドニーは連日、船団護衛や地上目標の艦砲射撃、哨戒任務に投入された。目立つ海戦では、6月28日には敵駆逐艦「エスペロ」撃沈の一翼を担い、7月19日のスパダ岬沖海戦では劣勢の駆逐艦隊を、随伴していた駆逐艦「ハヴォック」とともに救援して、イタリア軽巡「バルトロメオ・コレオーニ」に砲撃戦で致命傷を与えている。シドニーは1940年11月まで地中海艦隊に留まって、休みなく活動していた。

見えた。とはいえ、ドイツ軍の方法論や戦術について詳細が不明だった以上、これはやむを得ない反応だろう。

正規巡洋艦の乗組員は、敵の乗組員よりも、士気の面ではかなり良好な状態にあったと言える。彼らはせいぜい数週間ほど洋上にとどまった後に、補給のために必ず帰港するので、水兵は港に繰り出して当たり前の食事にありつき、リラックスできる。ましてオーストラリアやニュージーランドの船は、自国の港に帰港することも多かった。またドイツ軍とは違い、彼らには自軍勢力下の海域で戦っている安心感があり、増援や補給をかなり容易に得ることができる。1941年中旬を見れば、インド洋あるいは太平洋で作戦中の巡洋艦は、敵襲をそれほど心配せずに済む状況にあり、水平線の向こうからいつ敵艦の姿が浮かび上がってくるか、四六時中不安にさいなまれていた仮装巡洋艦の乗組員とは、著しい対照を為している。また、同乗させている捕虜の扱いに悩むこともないし、水不足を心配する必要もなかった。

1940年6月から1941年1月にかけて、めざましい武勲を挙げていた実績を見る限り、仮装巡洋艦の捜索任務にあたった巡洋艦の中では、シドニーがもっとも経験豊富な乗組員を擁していた船だろう。地中海で従事した半年間の作戦で、シドニーはイタリアの軽巡と駆逐艦各1隻の撃沈に重要な役割を果たし [訳註21]、4隻の商船を沈めたほかに、沿岸への艦砲射撃にも繰り返し参加している。しかも、同艦の砲術士官であるマイケル.M.シンガー少佐は、イギリス海軍から派遣された熟練士官である。1940年から

孤独な洋上の作戦指揮。写真は1941年5月、戦艦「ビスマルク」追跡にあたる重巡「サフォーク」の艦長である。仮装巡洋艦やその補給艦の捜索は、単に洋上に数週間とどまるだけということも多く、乗組員の作業も単調になってしまう。退屈がもたらす気の緩みが、遭遇戦に致命的な遅れを引き起こすことにもなり得る。（IWM,A4330）

　翌年にかけて通商破壊艦の捜索に従事した他の巡洋艦、例えばコーンウォールやデヴォンシャー、ドーセットシャーが、開戦後1年間をもっぱら護送船団で過ごし、その間に大きな作戦がなかったことと比較すると、シドニーがいかに多忙だったか理解できるだろう。洋上での訓練は、もっぱら砲撃とダメージコントロールの反復に終始するが、仮装巡洋艦との近距離戦を想定したものでないのは、どの船も同条件だが。
　対照的に、イギリス武装商船の乗組員は1隻あたり200〜300名だが、彼らは1939年の9月から11月にかけて、現役のイギリス海軍兵士や予備役、商船員など様々な人材プールからかき集められている。武装商船には1隻あたり20名の士官が乗り組んでいるが、彼らの大半は海軍予備役あるいは海軍義勇予備役出身であり、対して10名前後の下士官はほぼ現役で占められていた。そして戦前からの商船乗組員は海軍補助要員の身分で再配置されている。彼らは短期間の地上訓練を受けた後、すぐに担当海域に送り込まれることになる。デンマーク海峡などの哨戒任務は3週間ほどを見込まれるが、これは武装商船にとって退屈であり、同時に危険な任務だった。長期間、同じ海域に留まれば、Uボートから攻撃を受ける危険性が高まるからだ。ある乗組員は「どこにでも浮かんでいた氷山は手頃な射撃訓練目標になった」と述べている。海軍本部は、武装商船の任務を防御的な範疇におさえようと努めていたが、1940年末までには2隻がドイツの水上艦に、8隻がUボートによって撃沈されて、約600名の命が失われている。一方、正規巡洋艦は、これまでに2隻の軽巡が沈められただけである[訳註22]。武装商船の乗組員は、自らを「海軍製の棺桶」と呼ぶようになり、海軍が自分たちを消耗品と見なしているのではないかと疑った。
　武装商船の艦長は、たいていの場合退役した海軍士官が着任している。第1次世界大戦を経験した艦長も多かったが、不運なことに、その経験の多くは装甲で守られた正規の軍艦での勤務なので、武装商船の任務の性質から言って、本来、慎重を要する場面で、いささか大胆な用兵に出てしまうミスを犯す原因となった。明らかに優勢な敵艦と遭遇したら、時間を稼いで増援を待つべきなのであるが、勘違いして交戦状態に分け入っていくような場面が頻繁に見られることになる。

訳註22：水上艦に撃沈された2隻の武装商船とは、1939年11月23日、フェロー諸島沖海戦でドイツ巡洋戦艦シャルンホルスト、グナイゼナウに撃沈された「ラウルピンディ」と、1940年11月5日、HX-81船団を守るために、ポケット戦艦アドミラル・シェーアに挑んで撃沈された「ジャーヴィス・ベイ」を指す。正式巡洋艦の被害は、C級巡洋艦「カリプソ」と「カーリュー」の2隻で、前者は1940年6月12日、クレタ島南方航行中をイタリア潜水艦の雷撃で、後者はドイツのノルウェー侵攻作戦時に、ドイツ軍機の空襲で撃沈された。この他、カヴェンディッシュ級軽巡「エッフィンガム」が、ノルウェー侵攻作戦中に座礁後、処分された。

ボクシングに熱狂するアトランティス乗組員。同艦の347名の乗組員は、622日間も洋上にとどまっていたこともあり、士気の維持には最大限の注意が払われていた。（NARA）

ドイツ
German

　ドイツ海軍呼称〈16号艦〉、どちらかと言えば「アトランティス」の呼び名で有名な仮装巡洋艦には、士官20名、下士官70名、水兵278名の合計368名が乗り組んでいる。艦長のベルンハルト・ローゲ大佐と副長、および砲術士官は現役の海軍軍人だが、他は予備役ないし商船乗組員から引き抜かれて軍籍に加えられた水兵である。仮装巡洋艦は貨物船に偽装しているが、乗組員に多数含まれている経験豊富な船員たちが、偽装の出来映えを保証し、かつ彼らの存在が、商船としての振る舞いに現実味を出していた。ドイツ海軍の人事部は、当初、仮装巡洋艦を消耗品と見なしていたこともあり、質の悪い乗組員を押しつけようと考えていたが、ローゲ大佐をはじめ、仮装巡洋艦の各艦長は海軍作戦局に働きかけて、最終的には質の高い人材割り当てを勝ち取っている。ローゲの場合は、最初にアトランティスに送られてきた乗組員のうち半数近くを拒絶している。ローゲを含む仮装巡洋艦の3人の艦長、トールのオットー・ケーラー艦長や、オリオンのクルト・ヴェイヘル艦長は、戦争が始まる前は海軍の練習帆船を指揮しているので、訓練航海時の記憶から、優れた人材に目星を付けていたのだ。また、幅広いスキルを有する志願兵を好んで登用したこともあり、開戦後間もなく作成された乗組員名簿には、現役の海軍兵士はもちろん、予備役、商船員出身者など、様々な人材が名を連ねることになった。

　仮装巡洋艦の乗組員は、洋上監視任務のために大きく2班に分けられる。船の主兵装は砲術士官および水雷士官の指揮下に入り、全部で75名の兵員によって操作される。アトランティスの機関室には、士官2名、兵員64名が割り当てられているほか、艦橋には航海士官1名、操舵手8名が詰めていた。監視士官3名と通信兵9名も艦橋に詰めて、偵察に従事していた。通常、メインマストには監視員を1人しか置かないイギリス巡洋艦と異なり、仮装巡洋艦ではメインマストにしつらえた擬装用見張台に3名の監視員を配置していた。艦の生き残りがかかる重要任務を、たった1人の目に

1940年から41年にかけて、仮装巡洋艦トールの艦長に着任していたオットー・ケーラー大佐（1894～1967）。他の艦長と同様に、ケーラー大佐も掃海艇や魚雷艇の勤務を経験している。戦争勃発前は訓練艦「ゴルフ・フォック」を指揮していた。洋上で敵と対峙する場合、ケーラー艦長は偽装に頼るよりも、速度と火力を活かして状況打開を図ることを好んでいる。ヨーロッパに無事帰還した後に、彼は少将に昇進したが、1944年9月、ブレストにてアメリカ軍に降伏している。（著者所有）

テオドール・デトメルス海軍中佐〔1902～76〕
FREGATTENKAPITÄN THEODOR DETMERS

　テオドール・デトメルスは1902年8月にルール地方のヴィッテンに生を受けた。実父は商人であり、敗戦直後のドイツでは軍人の道に明るい展望を描きにくかったにもかかわらず、19歳になったデトメルスは、1921年4月にドイツ共和国海軍に入隊している。士官候補生時代を2隻の前ド級戦艦で過ごした後に、バルト海で訓練艦に乗り組んでいる。

　1925年10月、デトメルスは海軍中尉に昇進し、新型巡洋艦「エムデン」に配属となった。アフリカを周遊してインド洋を目指す同艦の最初の渡洋航海にも同乗している。2年間の地上勤務を経て大尉に昇進すると、軽巡「ケルン」配属となり、今度は地中海からスエズ運河を経由して、インド洋、オーストラリア、中国、日本への遠洋航海に従事している。1933年5月9日、ケルンがシドニーに入港した際には、士官一同は重巡「キャンベラ」で催されたレセプションに招待されている。ドイツに帰国した後、1934年に、デトメルスは魚雷艇の指揮を執り、1938年10月には新造駆逐艦Z7「ヘルマン・シェーマン」の艦長に任命された。

　1年後にドイツが戦争を開始すると、少佐に昇進したデトメルスは北海における通商破壊および機雷敷設任務などで、最初の半年間を過ごしていた。度重なる主機の不調に悩まされ、他の船と衝突事故を起こしたこともあって、この間の任務は不本意な結果に終わっていたが、彼の艦は1940年4月から始まるノル

委ねようとする艦長はいなかったのだ。また、アトランティスには、艦の大きさからすれば不釣り合いなほど強力な通信室があって、27名が割り当てられていた。ここには監視局から派遣された暗号解読係も詰めていて、周辺海域でのイギリスの通信を解析して、自艦の状況改善に役立てようとしていた。仮装巡洋艦は、外部からの支援をあまり期待できないため、かなりの数の技術者や（アトランティスには建築関係者5名、技術者23名がいた）、医療スタッフ（同医師2名、看護師5名）を同乗させていた。航空班には、パイロット1名、航空要員4名がいる。

　仮装巡洋艦に配属された士官や水兵の多くは、掃海艇や水雷艇、海軍の特務、特設艦艇およびバルト海の練習船から集められていたが、これは彼らの多くが短期間ながらも洋上哨戒任務に習熟していることを意味している。さらに商船員出身の乗組員は、遠洋航海がどのようなものか知り抜いていて、海外の港や航路についても詳しい知識を持っていた。大半の乗組員がブレーメンハーフェンで訓練を受けている間に、船の偽装が始まり、バルト海で短期間の砲術訓練を施されはしたものの、秘密保守の観点から、実戦に先立つ本格的な航海は実施していなかった。この時点で実戦経験を有する乗組員はほとんどおらず、アトランティスが最初に遭遇した貨物船「サイエンティスト」号との交戦では、会敵処理や砲撃が稚拙だった。しかし、1年も洋上で寝食を共にするうちに、仮装巡洋艦の乗組員は海の男の鏡とも讃えるべき成長を果たし、砲術や戦闘回避に熟練の技を見せてい

ウェー侵攻作戦に名を連ねていた。しかし、作戦参加は同年6月、ノルウェー沖の艦隊哨戒任務、「ユーノー」作戦まで遅れている。この作戦でイギリス船の捕捉に成功し、デトメルスは排水量5,666トンのイギリス船籍オイルタンカーの処分を命じられ、魚雷を用いて彼自身、最初の「撃沈」を記録した。

「ユーノー」作戦から帰投すると、海軍作戦部からの驚くべき知らせがデトメルスを待ち構えていた。HSK-8襲撃艦41、後に「コルモラン」と呼ばれる仮装巡洋艦の艦長に任じられたのである。彼自身、仮装巡洋艦での任務に強い関心を寄せてはいたが、38歳という年齢では、単艦洋上作戦を指揮するには若すぎるだろうと判断していたからだ。オリオン艦長のクルト・ヴェイヘルを除けば、他の仮装巡洋艦艦長の年齢は40～51歳で、海での経験も充分だった。しかし、海軍作戦部はデトメルスが頑強な意志を持ち、単艦での通商破壊を遂行するのにふさわしい自制心のある軍人だと評価したのだ。

バルト海で2ヶ月間の試験航海を終えると、1940年12月にコルモランは通商破壊作戦に赴いた。魚雷艇や駆逐艦勤務時代の習慣から、デトメルスは乗組員と一緒に食事をとることを好んでいた。彼はある種の修道士的性格を持っていて、禁酒主義者でもあったので、乗組員には過度な飲酒を禁じ、適度な運動を推奨した。デトメルスは南大西洋とインド洋で商船11隻、合計6万8,000トンの戦果を挙げている。また、イギリスの武装商船には2度発見され、執拗な追跡も受けている。しかし、戦前にデトメルスが得ていた当該海域の知識やイギリス巡洋艦の作戦行動の実態が、長期にわたる彼の作戦行動の助けとなっていた。最終的に軽巡シドニーと交戦状態になったときも、デトメルスは卓越した狡猾さと戦術的手腕を発揮して、優勢な敵を相手に主導権を握り続けている。

1941年11月にコルモランが失われた後、デトメルスと彼の部下たちはメルボルン北部の戦時捕虜収容所に送られて、6年間をそこで過ごしている。捕虜時代に、彼はシドニーを撃沈した功績から騎士鉄十字章を授けられたことを知った。彼は執拗な尋問に良く耐えて、シドニーとの戦闘の詳細を明かそうとはしなかった。それだけでなく、彼は日本軍がインドシナに侵攻した混乱に乗じて脱走を図ったが、この企ては失敗に終わっている。監視の目は厳しくなり、1944年には脳卒中を患って障害を負う身となってしまった。1947年にようやく釈放されたものの、健康状態が思わしくなかったために、ローゲのように戦後の連邦海軍に奉職することはかなわなかった。彼はハンブルクで静かな余生を過ごし、1959年に手記を書き残している。

1940年から41年にかけて、仮装巡洋艦ピンギンの艦長に着任していたエルンスト-フェリクス・クリューダー大佐（1897～1941）。かなり好成績を挙げた任務の後で、1941年初頭にクリューダー大佐は敢えて危険な賭けに身を投じた。ペルシア湾から姿を現すイギリスの大型タンカーの鹵獲を試みたのである。しかし、これがピンギンを罠に誘い込むための囮だった。インド洋で重巡コーンウォールに撃沈されたことで、クリューダー大佐は唯一の戦死した仮装巡洋艦艦長となった。（著者所有）

る。アトランティスの場合は、洋上で船体の塗装を塗り替える技術——芸術的評価は問題ではない——にも習熟し、わずか数日で船の外見を一変させることができた。また極寒の北極海から熱帯のインド洋まで、様々な環境下における作戦にも対応できるようになっている。商船襲撃に成功するごとに、乗組員は自信を深め、戦闘技術にはますます磨きがかけられた。彼らは洋上で経験を積むことで、恐るべき戦闘力を持つ存在となったのだ。

仮装巡洋艦の艦長には独立不羈、勇猛果敢なリーダーシップが求められる。艦長は、担当海域における任務については無線連絡を通じて海軍作戦局からおおざっぱな指示を受けているだけであり、艦隊所属の軍艦と違って、大きな決定権限を持っていた。本国から遠く離れた海域で、しかも敵に囲まれた状況で生き残るのに必要なのは、古い命令を墨守することではなく、狡猾で器用な立ち回る行動力なのである。

最短でも1年は覚悟しなければならない、前例のない長い作戦期間は、仮装巡洋艦の乗組員にとって、当然、未知の挑戦である。例えば、同じ1941年に南大西洋に展開したUボートの作戦日数が60～90日程度だったことと比べても、仮装巡洋艦の置かれた立場がわかるだろう。力量のある人材を割り当てられたこともあって、当初、艦内の士気は高い。しかしアトランティスのような船であっても、12ヶ月も作戦を続けていると、士気の低下は隠せなくなる。というのも、連合軍の勢力下にある海域に深く入り込んで作戦に従事しなければならない仮装巡洋艦では、数ヶ月間、陸

1945年3月、旗艦「プリンツ・オイゲン」を背景に撮影されたベルンハルト・ローゲ海軍中将。襟元にはアトランティスでの功績によって授与された柏葉付き騎士鉄十字章が確認できる。実のところ、彼はユダヤ人のクォーターであるため、1939年にアトランティスの指揮を命じられる直前、ヒトラーが制定したニュルンベルク法の規定にかかり、海軍を追われかけていた。しかし、彼の妻はナチ党シンパの嫌がらせ行為を苦にしての自殺に追い込まれており、この事件がローゲの境遇や態度に少なからぬ影響を与えたのは間違いないだろう。(著者所有)

地すら目にできないことも当たり前で、孤立した気持ちに陥りがちだからだ。彼らが陸地に触れる機会と言えば、ケルゲレン諸島のような無人島で数日間を過ごすのが精一杯のところだった。女性の温もりを欠いた長期洋上生活、そして不定期な手紙のやりとり（補給艦が偶然積んでいることを期待するしかなかった）は、士気低下を招く遅効性の毒薬として作用し、アトランティスのローゲ艦長も、ホームシックを原因とする同性愛行為や不適切な振る舞いにおよぶ乗組員の処断に苦労している。また、限られた食料や水を大量消費するだけの捕虜との接触も、乗組員には不安要因となる。避けがたい士気低下に神経をとがらせていた艦長は、日本などの友好国から得られる新鮮な果物や野菜、豚肉などの生鮮食料を豊富に得られる機会を作り出すことに腐心した。実際、拿捕した連合軍商船から獲得した食料品まで考慮に加えれば、同じ戦争を経験しているドイツ軍兵士のうち、いったいどれだけが仮装巡洋艦乗組員ほど彩り豊かな食事を楽しめたのか疑わしいほどだ。コルモランでは貨物に水泳プールを加えているし、多くの船でボクシング競技が行なわれている。ドイツ海軍兵士と敵軍捕虜との試合さえ組まれているのだ。しかし、この様な刺激や娯楽、褒美でもいよいよ士気を保てなくなると、不満分子は拿捕船ないし補給艦に移されて、本国に送り返される。そして艦全体が任務に耐えきれる限界点に達したと判断されると、海軍作戦局は彼らに帰国命令を出すのである。

戦闘開始
Combat

> 奴らは無線室を吹き飛ばして地獄に変えた。
> レウェリン海軍大尉、武装商船ヴォルターレ、1941年4月4日

仮装巡洋艦トールvs.武装商船アルカンタラ、1940年7月28日
Thor vs. Hms Alcantara, July 28, 1940

　1940年6月16日の朝、オットー・ケーラー艦長が指揮する仮装巡洋艦トールは、北大西洋海域に到達し、間もなく作戦海域となる南大西洋に進路を向けて航行中だった。海上交通の要衝、ブラジル沖に到着したトールは、7月1日から17日にかけて、7隻の商船を拿捕あるいは撃沈して、イギリスに3万5,000トンの被害を与えるのに成功する。驚くべき事ではあるが、このうちトールの砲撃が無線室を吹き飛ばす前に〈QQQ信号〉を発したのは1隻だけだった。驚きはこれに留まらない。せっかく発した警報信号も、受信した監視所は皆無という有様で、海軍本部は同船が沈められたことに数日間も気づかず、トールは悠々と狩りを楽しんでいたのである。同じ頃、仮装巡洋艦ヴィデルも、ブラジルの北東海域で商船4隻を沈めている。

　ブラジル沖一帯の通商路保護を担当していた南アメリカ管区のヘンリー・ハーウッド海軍少将は、7月17日になってようやく、南米沖一帯でドイツ海軍による通商破壊が行なわれている事に気づいた。Y部隊もケープ・ヴェルデ諸島近隣海域でドイツ海軍の通信が活発化していることを把握していたが、それがUボートによるものか、それとも通商破壊艦によるものかまでは判断付きかねていた。イギリス海軍情報部はドイツのタンカー、レクム号がスペイン領のカナリア諸島テネリフェ島を出航したのをつかんでいたが、これが通商破壊艦との接触を果たすものと推定した。当然、ブラジル沖で活動している通商破壊艦の正体について、ハーウッドは詳しい情報を持っていないが、該当海域の哨戒にあてられる手持ち戦力は旧型のカヴェンディッシュ級軽巡ホーキンズと、武装商船アルカンタラの2隻しかなかった。7ヶ月前にグラーフ・シュペーを追跡した時の決断を基に、ハーウッドはホーキンズをブラジル近海に置いてリオ周辺の航路保護にあたらせ、ジョン・インガム艦長のアルカンタラを、海岸から250マイル離れた洋上にあるトリニダージ諸島周辺海域の哨戒に向かわせることにした。海軍情報部は、ヴェルデ諸島周辺が敵通商破壊艦に利用されていると確信していたが、アルカンタラが到着したのは7月26日で、この時は何も発見できなかった。

　2日後、東方に向けて時速11ノットで航行中、アルカンタラの見張り員は10時の方向に船影を発見した。ユーゴスラヴィア船籍の貨物船ヴィール号に偽装したトールであった。ケーラー艦長は当初、この船を大型貨物

イギリス武装商船と交戦中のトールを描いたドイツの戦時絵はがき。敵武装商船を振り切る速度がなかったトールにとって、勝敗を左右するのは砲術要員の腕前と、強運だった。（著者所有）

　船かと思って艦首を向けたが、間もなく武装商船であると気づいた。偽装を頼みにやり過ごすのを諦めたケーラーは、代わりにトールの針路を大きく変えて、速度を15ノットに増速した。この動きを見て、トールへの疑いを強めたインガムは、増速して追跡にかかり、同時に〈QQQ信号〉を発信した。トールは妨害電波による阻止を試みたが、これが返って疑いを強めてしまう。ここまでのケーラーの判断は誤りだったと言えよう。アルカンタラの速力はトールを4〜5ノット上回っているだけでなく、増援を呼んでいるに違いないからだ。追跡戦は3時間あまり続き、アルカンタラはかなりの距離を詰めていた。まだ陽は高く、敵に捕捉されるのも時間の問題と判断したケーラーは、艦首を翻して、増援が到着する前に勝負を付ける覚悟を決めた。

　1300時、距離1万7,500ヤードまで接近したアルカンタラは、「船籍ヲ告ゲヨ」と信号を送ってきた。ケーラーは艦の右舷をアルカンタラに向け、備砲の偽装を取り払い、ドイツ海軍の戦闘旗を高々と掲げて返答とした。1分後、まず2斉射が行なわれ、ほとんど間を置かずに3斉射、4斉射が続いた。15cm砲の最大射程ぎりぎりだったにも関わらず、交戦開始から8分間に、トールは5発を命中させていた。このうち1発はアルカンタラのメインの射撃指揮装置を破壊し、他の命中弾も通信室や6インチ砲、船体の吃水線付近に命中し、右舷機関室が浸水を始めた。アルカンタラは6インチ砲で反撃に出たが、同砲の有効射程は1万5,000ヤードで、しかも射撃指揮所が失われた状態では、射撃速度の低下は避けられず、そもそもの狙いが不正確だった。接近しすぎたこと。これがインガムが犯した最大のミスだった。トールとの接触を保ちつつ、味方の巡洋艦が到着するのを待つことが、アルカンタラの本来の役割である。しかし、機関室の浸水で速度10ノットまで低下したアルカンタラには、もはやトールを追跡する力は残っていなかった。命中弾によって船足が鈍り、火災を発して戦闘力が低下したことを確認したケーラーは、とどめを刺そうという誘惑に抗しきれ

1940年7月28日に仮装巡洋艦トールと交戦した武装商船「アルカンタラ」。交戦では後手を踏んだにもかかわらず、この武装商船はトールに2発の命中弾を与え、7名を死傷させている。これは1940年を通じて、仮装巡洋艦に与えることができた唯一の損害である。（IWM,FL386）

ず、艦を接近させたが、これがケーラーの2度目の過ちを導いた。アルカンタラでは射撃指揮装置を切り換えていたので、今度は充分接近してきた敵に6インチ砲を命中させることができたのだ。トールへの命中弾は艦尾付近の上部構造に命中したが、幸いなことに不発弾だった。

　ケーラーはこれ以上の危険を望まなかったので、煙幕の展帳を命じるとともに、南に向かって全速力で逃亡を謀った。しかし、アルカンタラはこの間に数発の有効弾を送り込み、そのうち1発がボートデッキを破壊して、魚雷発射指揮所の要員3名を戦死、4名を負傷させた。しかしアルカンタラも戦死者2名、負傷者7名を出し、船体の損傷も深刻だったため、追跡を諦めてリオに帰投した。この35分の砲撃戦で、トールは284発中、8発を命中させ、アルカンタラは152発を撃って2発を命中させた。この交戦は本来ならアルカンタラが勝利しなければならない戦いだったはずだ。ケーラーは愚かにも偽装が与える利点を自ら放棄し、優速な敵を相手に昼間の追撃戦を許してしまったからだ。アルカンタラからの通報を受けたハーウッドは、フリータウンに停泊していた重巡ドーセットシャーに出撃を命じている。もしアルカンタラがトールの追跡に終始し、ドーセットシャーに方位の伝達を続けていたならば、トールの運命はこの時に閉ざされていたことだろう。

仮装巡洋艦トールvs.武装商船カーナヴォン・キャッスル、1940年12月5日
Thor vs. Hms Carnarvon Castle, December 5, 1940

　アルカンタラから逃れたトールは、損傷部分を応急修理してから戦死者を弔い終えると、船体の偽装に取りかかった。そして、イギリス海軍情報部が予想していたように、ヴィデルと前後して、補給タンカー「レクム」号と接触した。ケーラーはイギリスの索敵網が強化されていると想定して、数週間、通商破壊を控えてきたが、あらゆる兆候が敵軍の動きが低調であることを示し始めているのを確認すると、9月後半にはブラジル沖での通商破壊を再開して、敵艦の姿が見られなくなるまでの2週間に2隻の大型商船を撃沈した。しかし、8週間にわたり敵商船との遭遇が見られなくなる「乾期」に入り、単調な日課の消化に終始した乗組員は、補給艦を焦がれつつ、より大物をどん欲に狙うようになっていた。

　一方のイギリス海軍の南大西洋司令部は、行方をくらませた通商破壊艦捜索のために、戦力をかき集めるのに躍起になっていた。そして11月にはトールを追って、10隻もの巡洋艦を投入していたのである。この中でヘンリー・ハーディー艦長の武装商船「カーナヴォン・キャッスル」は、モンテヴィデオ沖200マイルの海域を捜索にあたっていたが、12月5日の0642時、1万9,000ヤード前方に不審な船舶をとらえた。ハーディーは目

標を妨害するような針路をとりつつ、「船籍ヲ告ゲヨ」と信号を出した。今回も、ケーラーは自ら偽装を脱ぎ捨てて、戦闘に突入しようと決意した。当然、船籍確認は無視された。一瞬の刹那、ハーディーは目標としていた敵艦に遭遇したことに気づき、回線を全開にして敵艦発見の報を伝達した。続く展開は、優速な敵が増援を求めつつ追いすがって来るという、アルカンタラの時と同じ経過をたどった。しかもモンテヴィデオに近いこともあり、夕暮れに紛れて敵艦を振り切るまでに、他の敵巡洋艦が増援に駆けつけてくる可能性が高い。

ハーディーもまた、インガムと同じように積極的な姿勢を見せ、追跡に徹するよりも、1時間をかけて距離1万7,000ヤードまで詰めてきた。しかしカーナヴォン・キャッスルはトールよりも足が速かったが、ドイツ製15cm砲のほうが、カーナヴォン・キャッスルの6インチ砲よりも、射程、威力、射撃速度などあらゆる点で優れている。0757時、ハーディーは計測のために試射を命じ、その1分後に4門による斉射を実施した。前方を逃げるように急ぐ敵艦を、最大射程を上回る距離から射撃したところで、そうそう命中するものではない。しかし、この砲撃がケーラーの戦意に火を付けた。ケーラーは接近中の敵艦に最大の攻撃を加えられるように、旋回して左舷をカーナヴォン・キャッスルに向けた。煙幕を展帳して敵艦からの照準を狂わせつつ、艦尾の備砲で攻撃を加えながら、トールは緩やかに左舷回頭に移った。カーナヴォン・キャッスルも艦首主砲で射撃を続けたが、命中弾は得られなかった。

0838時、敵との距離が縮まった頃合いを見計らって、ケーラーは左舷急回頭を命じ、射撃を激しくすると同時に、魚雷を発射した。艦首方向に対する難しい狙いだったにもかかわらず、2本の魚雷は敵艦を挟み込むように、両舷のそれぞれ50ヤードのところを通過して、イギリス水兵の心胆を寒からしめた。トールの左舷備砲4門から放たれる砲弾は次々とカーナヴォン・キャッスルに命中し、通信室と射撃指揮装置が沈黙した。0900時までに同艦は燃える残骸と化し、4名が戦死、32名が負傷していた。ハーディはたまらず離脱を決意して戦闘は終了した。ケーラーは勝利に小躍りしたが、攻撃の手を緩めることはなく、9,000〜1万1,000ヤードの距離で、さらに多数の命中弾を出している。重なる損害に船体が傾斜し始めたカーナヴォン・キャッスルは、煙幕を展帳してどうにか窮地を脱した。この75分間の戦いで、トールは593発の砲弾を消費して27発の命中弾を与えたが、カーナヴォン・キャッスルは600発以上撃ちながらも、命中弾を与えていない。このように経過を見る限り、どちらの艦長も先の対決から何も学んでいなかったように思われる。ケーラーは今回もイギリスの武装商船相手に分の悪い追跡戦に持ち込まれてしまっているし、イギリス側も増援が到着するまで追跡に専念するという本分を無視して、戦闘を優先してしまったからだ。互いに犯した過誤を解決したのは、ドイツ側の優れた砲撃能力であり、結果としてトールは戦術的勝利をつかんでいる。

この交戦で通信室が破壊された結果、カーナヴォン・キャッスルは戦闘経過を迅速に海軍本部に報告することができず、トールは再び姿を消してしまった。イギリス海軍本部がこの戦闘を知ったのは2日後であったが、ちょうど、南大西洋司令部には即応できる艦隊戦力が揃っていた。10月31日にポケット戦艦「アドミラル・シェーア」がデンマーク海峡を突破

1940年12月5日、武装商船「カーナヴォン・キャッスル」は、トールと交戦した。客船改造の武装商船は艦舷が高すぎることもあって、砲撃戦の格好の目標になってしまう。事実、戦闘が中止されるまでにトールは27発もの命中弾をカーナヴォン・キャッスルに与えている。（著者所有）

して南大西洋に向かっていた動きに呼応して、南大西洋司令部は巡洋艦カンバーランド、エンタープライズ、ニューキャッスルからなる哨戒艦隊を編成してブラジル沖の警戒を強めていたからだ。カーナヴォン・キャッスルとトールが砲火を交わしている時、まさにこの3隻は戦闘海域に急行していたのだ。しかし、1週間の捜索活動は空振りに終わり、3隻は元々の任務であるシェーア捜索に戻っていった。12月5日に、もしハーディー艦長がトールの追跡に専念していたら、追跡グループを編成した巡洋艦群はトールを捕捉できたに違いない。

一方、逃走に成功したトールは喜望峰を目指して東に針路をとっていた。カーナヴォン・キャッスルとの交戦で、トールの弾薬備蓄は底を突きかけており、補給は待ったなしだった。海軍作戦局はトールに対して補給艦「ユーロフェルト」号を差し向け、接触地点としてブラジルとアフリカの中間にある「アンダルシア」海域を指定した。12月26日、トールは、アドミラル・シェーアや仮装巡洋艦ピンギンとの合流に成功している。この時のように、他のドイツ艦と一緒にいられれば、心理的には安心感が増すに違いないだろう。しかし仮装巡洋艦は南大西洋に各々の担当海域が決まっているので、他の船と一緒にいるのは偽装の面からはもちろん、戦術的には望ましくない。続く冬の期間、トールは周辺海域を遊弋していたが、新しい獲物は発見できなかった。この間にトールは補給艦と7回も接触して燃料などの補給物資を受け取っているが、敵を発見できないために、艦内にはイライラが充満していた。

仮装巡洋艦トールvs.武装商船ヴォルターレ、1941年4月9日
Thor vs. Hms Voltaire, April 9. 1941

3ヶ月の間、低調な活動に陥っていたトールは、1941年3月25日から2隻のイギリス商船を捕捉、撃沈している。このうち1隻はイギリス客船ブリタニア号で、〈RRR信号〉を発したために、ケーラーは砲撃による撃沈を命じている。この時、トールの通信員は救難信号に反応した別のイギリス船がいて、しかもそれが現在の海域から数時間の距離であることに気づいた。これが敵の巡洋艦であることを危惧したケーラーは、退避を急ぎ、527名の捕虜が乗ったボートは残してゆく他なかった。彼らの収容は接近中のイギリス船が引き受けるだろうと考えたのである。実際は、これらの捕虜は3週間にもおよぶ漂流を強いられ、結果、200名が帰らぬ人となってしまった。この事実をケーラーは後にイギリスのラジオ放送から知ることとなり、以後、彼は対処方法を変えるようになっている。

4月4日、今度はギリシアの貨物船に偽装したトールは、慣れ親しんだブラジル北東海域に戻っていた。0615時に、見張り員が左舷方向に船の煙を発見した。船の正体は、イギリス海軍の武装商船ヴォルターレで、ジェームス.A.ブラックバーン艦長の指揮で、単艦、ケープ・ヴェルデ諸島沖の哨戒任務に就いていたのである。ケーラーはこの船の正体を確かめるために、艦を接近させた。一方のブラックバーンも、トールを小型貨物

船だと思い込み、船籍確認のために艦首をトールに向けた状態のまま1万5,000ヤードの位置まで詰めた。つまり、どちらの船も最初の接触で相手の正体を見抜けなかったのだ。ケーラーはヴォルターレを客船だと思い込み、距離9,000ヤードまで迫った0645時、目標の前方に15cm砲弾を1発撃ち込むように命じた。ところが、予想に反して正体不明の船は連装砲を撃ち返して来たのである。ケーラーは自ら敵の武装商船に戦いを仕掛けてしまったのだった。艦橋は罵声であふれたに違いない。敵艦は余裕を持ってトールの針路をふさげる位置まで移動している。こうなってはトールには戦う以外の選択肢はなかった。

トールの熟練砲術要員たちは、速やかに交戦態勢に入った。最初の4門斉射は通信室を叩き、ヴォルターレは〈RRR信号〉を発信できなかった。射撃指揮装置もすぐに不調となる。4分後には、艦全体が炎に包まれていた。通信員だったロジャー・V・カワードは、著書"Sailors in Cages（1967）"で、この時のヴォルターレの様子を次のように書いている。

ヴォルターレはちょっと想像できないほど叩きふせられ、艦内はめちゃくちゃにされた。エンジンは全速力で船を前に動かそうとしていたけど、甲板は雄牛が走り回ったあとの商店のような有様——早い話、大混乱だった。爆発に巻き込まれる仲間、雨あられのように降り注ぐ砲弾や破片に切り刻まれる仲間。阿鼻叫喚と呼ぶにふさわしい。ボロ布に包まれた肉片になってしまった死体もある……私は上甲板によろよろと這い出たが、視界は負傷兵や仲間の死体で埋め尽くされていた。船は穴だらけになり、発生した火災の煙で艦内は真っ暗だった。

特に、メインの測距儀が破壊されてしまったために、ヴォルターレ側からの6インチ砲の応射速度は目に見えて低下し、統制も欠くようになっていた。こうなるとトール優勢にますます傾いてしまう。カワードは回想する。

砲は赤熱している。水道ホースは自分の考えがあるかのように跳ね回っている……艦尾備砲の要員がコルダイト火薬の詰まった薬嚢を尾栓に差し入れた瞬間に、砲弾の破片が降り注ぐ。地獄のような閃光と爆発に続き、砲術要員は皆、木っ端みじんにされてしまう。大殺戮のさなか、私はサンドウィッチとスープを運ぶ途中の給仕とぶつかってしまう。彼は砲術要員に食事を運ぶところだったのだ。

0715時、操舵を破壊されたヴォルターレは、炎を吹き上げながら13ノットの速度で旋回運動を始めてしまった。ブラックバーン艦長は、火災で手に負えなくなった艦橋を捨てて、まだ2門だけ稼働しているうちの、艦尾の6インチ砲の指揮についたが、トールに与えた命中弾はマストの最上部への1発だけである。ケーラーは最大射程7,000ヤードから魚雷攻撃を命

下左：改装前の武装商船「ヴォルターレ」。客船ベースの武装商船と予備役中心の乗組員では、トールの相手にはならず、短時間の戦闘で撃沈されてしまった。（著者所有）

下右：戦闘配置に先立ち、「無音警報」のもとで身をかがめながら部署に急ぐドイツ海軍の乗組員。手前の水兵はアスベスト製の手袋をはめているところから、15cm砲の装填手だろう。仮装巡洋艦の乗組員は、戦闘配置の警報が鳴らなくても、迅速に部署に着けるように訓練されていた。（著者所有）

連装魚雷発射管から21インチ魚雷を発射した場面。通商破壊艦艦長は、水雷、機雷畑出身者が多く、これがイギリス巡洋艦との対決を想定して、魚雷を積み込む大きな動機となっていた。1940年から41年にかけては、G71T1魚雷が広く使用されたが、有効射程が短く不満が残る魚雷だった。（NARA）

じたが、これは2本とも外れてしまった。それでもヴォルターレがもはや救いようがない状態になったのは明らかで、ブラックバーン艦長は0800時に総員退艦命令を出している。0835時、激しく燃えさかるヴォルターレは転覆して海中に姿を消した。ケーラーはブラックバーン艦長以下188名を救助したが、76名は戦死ないし負傷が元で落命した。55分の砲撃戦で、トールはにわかには信じられない724発もの砲弾を撃ち込み、かなりの命中弾を得ている。そして自身の損害はほぼ皆無だった。

　客船ブリタニアを撃沈したときの経験から、ケーラーは戦闘海域に5時間にわたって留まり、周辺に敵巡洋艦が存在するかもしれない危険を承知で、生存者の救出にあたっている。その後、彼は針路を北に向けて、再び外見を偽装した後に、補給艦「イール号」から補給を受けて、ヨーロッパへの帰途についた。ドイツのラジオはトールの正体こそ隠しつつも、自慢の仮装巡洋艦によるヴォルターレ撃沈を大々的に報じている。4月30日、トールは無事、ハンブルクに入港した。329日間の作戦航海で、トールは敵武装商船と3回の海戦を経験しているが、すべてこれを退けるか、回避に成功している。

インド洋での対決　1940年6月〜1941年4月
The duel in the Indian Ocean, June 1940-April 1941

　ゴーテンハーフェンを出港してから9週間、1940年8月20日に、仮装巡洋艦ピンギンはインド洋に入った。ピンギンは、ギリシア船籍の貨物船「カソス」号に偽装している。艦長のエルンスト＝フェリックス・クリューダー海軍中佐は、6月から作戦を開始したベルンハルト・ローゲ艦長のアトランティスに次いで、インド洋までたどり着いた2隻目の仮装巡洋艦である。喜望峰周辺を拠点とする南アフリカ軍の哨戒機は、この新たな通商破壊艦を発見するのに失敗し、東インド洋司令部も、クリューダーがマダガスカル島南沖で作戦を開始するまでは、同艦の痕跡を掴めないでいた。この海域でピンギンは2隻のタンカーと1隻の貨物船を撃沈したが、うち1隻は〈QQQ信号〉の送信に成功している。コロンボに駐屯する東インド洋司令部司令官のサー・ラルフ・リーザム海軍中将は、この不審船発見信号に応え、ダーバンからはリアンダー級軽巡ネプチューン、アデンからはケープタウン級軽巡コロンボを派遣するとともに、武装商船2隻を加えて、仮装巡洋艦の捜索にあたらせた。しかし、水上偵察機を積んでいるのがネプチューンだけでは捜索の目が足りず、捜索は空振りに終わり、ピンギンの犠牲となった船から漏れ出した油の痕跡を見つけたにとどまった。この

1940年8月、ギリシア船籍の貨物船「カソス」号に偽装した仮装巡洋艦ピンギン。巡洋艦コーンウォールに発見された際も、偽装によって欺し、自艦の有効射程内にまで近付けさせることに成功した。（NARA）

　間、リーザムはスエズに向かう途中の兵員輸送船護衛のために巡洋艦の大半を割いていた事情もあり、〈RRR信号〉に呼応してインド洋を哨戒する船の余裕がなかったのだ。また彼の情報スタッフが、通商破壊艦のインド洋での動きを予測できていなかったことも状況を悪化させている。
　1940年6月から11月にかけて、アトランティスとピンギンは、合わせて22隻、計16万1,200トンの連合軍貨物船舶を襲撃している。両艦の作戦は無線を通じて海軍作戦局から調整を受け、イギリス海軍の動きをかなり正確につかんでいた。リーザムの手持ち戦力は一握りの巡洋艦と偵察機のみと乏しく、とうてい2隻の仮装巡洋艦に圧力を加えるまでには至らなかった。ローゲとクリューダーも、イギリス軍の拠点に近づきすぎない限りは、迎撃される可能性が低いことをよくわかっていた。
　1940年12月8日には、2隻の仮装巡洋艦はケルゲレン諸島の北方海域で落ち合い、効率よく通商破壊を実施するために、2日間かけて今後の作戦方針を固めている。その6日後は、アトランティスはケルゲレン諸島にあるフランスの捕鯨基地跡を利用することを思いつき、ここに1ヶ月近く姿を隠して、クリスマスを越している。氷河から溶け出す真水を補給し、修理作業にうってつけの落ち着いた環境と時間を得られるだけでなく、長期間の洋上生活を強いられた乗組員たちに上陸の楽しみを与えられる意味からも、インド洋における通商破壊作戦でのケルゲレン諸島の役割は計り知れない。1941年2月には仮装巡洋艦コメートがケルゲレン諸島に立ち寄り、同3月にはピンギンがこれに続いている。このように、インド洋上に孤立して浮かぶケルゲレン諸島は、南大西洋のトリスタン・ダ・クーニャと同じように、通商破壊艦やUボートにとって、一種の恒久的な拠点として役立つことに海軍作戦局は気づいたのである。
　ドイツ海軍がケルゲレン諸島のような遠隔地の泊地を求めていることは、当然、イギリスもキャッチしていて、コロンボにあるリーザムの情報スタッフも、敵の活動の痕跡を求めてケルゲレン諸島に巡洋艦を派遣している。例えば1940年10月にはネプチューンにケルゲレン諸島の探査に当たらせているが、これはアトランティスが到着する2ヶ月前の事であるし、1941年11月にもケント級重巡「オーストラリア」が捜索に赴いている。しかし、年に1度程度の散発的な捜索では、狡猾なドイツ通商破壊艦の捕捉などできるはずもなかった。驚くべき事に、仮装巡洋艦の脅威が大幅に減少する1942年になるまで、イギリス海軍は、ケルゲレン諸島のような遠隔泊地に機雷を敷設したり、通信設備を備えた沿岸監視要員を置こうとはしなかった。もしリーザムの幕僚たちが1940年のうちにこのような措置を施していれば、一部の仮装巡洋艦については、実際に彼らが戦闘力を喪失するまでかかった時間よりも早く、容易に無力化することができただろう。
　それでも、リーザムはセイシェル諸島やモルディブ諸島といった活発な通商路の哨戒に、手持ちの巡洋艦を積極的に投入して事態の打開を図り、

（次ページイラスト解説）11ヶ月間、洋上作戦を成功させてきたエルンスト＝フェリクス・クリューダー海軍大佐のピンギンは、1941年5月8日、ついにインド洋上で重巡洋艦コーンウォールに捕捉されてしまった。1607時、水平線上に28ノットで航行してくるコーンウォールの姿を認めたクリューダーは、針路を変えて逃れるそぶりを見せつつも、ノルウェー貨物船「タメルラーネ」号としての偽装を貫こうと決意していた。一方、コーンウォールの艦橋にいたパーシバル・マンウォーニング艦長は、逃げようとする貨物船に対して停船信号を発しつつも、これに従おうとしない様子をみて、果たして敵艦なのか、それとも適切な対応手順を知らないノルウェー船籍の貨物船なのか確信が持てなくなっていた。結果として、コーンウォールはピンギンに向かって漫然と接近を続けることとなり、クリューダーは貴重な時間を稼ぐことができた。互いの距離が1万500ヤードまで接近し、マンウォーニングが「停船セヨ、サモナクバ攻撃スル」と最後通告を発した瞬間に、クリューダーは「戦闘艦」としての顔を剥き出しにした。1714時、ピンギンは左回頭して左舷を敵に向けると同時に、偽装をかなぐり捨てる。マストにはドイツ海軍の戦闘旗が翻り、備砲4門による斉射が始まった。1分間に4斉射があり、計測が完了すると、瞬く間に命中弾が発生する。この1発が操舵を破壊したため、コーンウォールは一時的に操作不能に陥ってしまった。マンウォーニング艦長はしばし適切な対応がとれなくなり、その間にもコーンウォールは主電源室が破壊されて電路が使えなくなっていた。火災まで生じた同艦は、修理のために離脱を余儀なくされてしまう。ピンギンの15㎝砲がコーンウォールを夾叉してからここまでは、ほんの11分間の出来事である。

訳註23：陸地寄りを航行すれば、通商破壊を避けて安全を確保しやすいのはいうまでもない。しかし、航海日数が大幅に増えて輸送効率が落ちると同時に、燃料の消費も増大するため、膨大な船団によって支えられているイギリス経済にとって莫大な負担増となる。こうした事態が長期化するのならば、それはそれで消極的ながらも、仮装巡洋艦にとって勝利と言える。

1941年1月末にはアトランティスを捕捉する一歩手前のところまで迫っていた。この時、セイシェル諸島の東方沖300kmの海域で、ローゲは貨物船「マンダソール」号を攻撃したが、同船は撃沈される前に〈QQQ信号〉を送信していた。リーザムは手持ちの巡洋艦4隻をV部隊に編成して、通商破壊艦の捜索に送り込んでいる。撃沈海域にもっとも近かったのが、900マイルほどのマーレ環礁にいた軽巡シドニーで、彼女は27ノットの速力で現場に急行中だった。イギリス軍の反応は、これ以上ないほど迅速だったが、それでもV部隊の索敵支援に力を発揮する長距離偵察機がリーザムの手元になかったため、アトランティスの逃走を許してしまっている。この不始末は、モルディブ、セイシェルの周辺海域に通商破壊を抑止する戦力配置が不可欠である事を痛感させた。リーザムは海軍のオイルタンカーをモルディブ諸島最南端のアッドゥ環礁に置き、南方まで足を伸ばす巡洋艦隊の補給支援に就かせている。1941年8月、リーザムの後任、サー・ジョフリー・アーバスノット海軍中将はアッドゥ環礁に海軍と空軍の拠点を整備して、長距離哨戒用のPBY飛行艇を配備するとともに、艦艇への補給整備態勢を強化した。1941年暮れまでには、インド洋全域における東インド洋司令部の索敵能力は格段に向上し、一般的な航路に進出しての通商破壊はかなり困難な状況になっていた。

仮装巡洋艦ピンギンvs.重巡洋艦コーンウォール、1941年5月8日
Pinguin vs. Hms Cornwall, May 8, 1941

　アトランティスと別れたピンギンは南極海を目指して南下し、1941年1月14日にはノルウェーの捕鯨船団を拿捕した。次いでインド洋に戻ったが、この冬はほとんどを再補給と修理にあてている。1941年春、クリューダーは再び通商破壊作戦に乗り出したが、安全航行を優先したイギリスが商船航路を陸地寄りに移していたために [訳註23]、獲物は乏しかった。不毛の数週間を過ごした後、彼は針路を北に向けて、「アフリカの角」の沖合に猟場を移すことに決めた。イギリスの拠点であるアデンが近いことを承知の上での決断である。1941年4月27日、ピンギンは追撃戦の末にイギリス商船「クラン・ブキャナン」号を撃沈した。この時、犠牲となった商船は通信室を砲撃で潰される前に〈QQQ信号〉の打電に成功していたが、クリューダーは、出力が弱く、アデンでは受信できなかっただろうと判断した。戦闘海域から離脱しながらも、イギリスのタンカーを狙うために、ペルシア湾を目指して北に向かったのである。しかし、コロンボのリーザム司令部はこの警報信号を受信しており、リアンダー、コーンウォール、ホーキンズの3隻の巡洋艦と航空母艦ハーミスを急行させていた。ほぼ1年、敵海軍の巡洋艦を出し抜き続けていたクリューダーは、初めて、敵戦力を過小評価するというミスを犯したのである。

　5月7日の朝、ペルシア湾口にほど近い場所でピンギンはイギリスの小型タンカー、「ブリティッシュ・エンペラー」号を発見した。警告射撃を受けたにもかかわらず、勇敢な商船艦長はピンギンの詳細を添えた〈RRR信号〉を長時間発信し続けた。ピンギンは苦労の末にこのタンカーを撃沈したが、もはや自らの位置が敵海軍に暴露したことは疑いない。実際、通報海域から約500マイル南方で〈RRR信号〉をキャッチした重巡洋艦コー

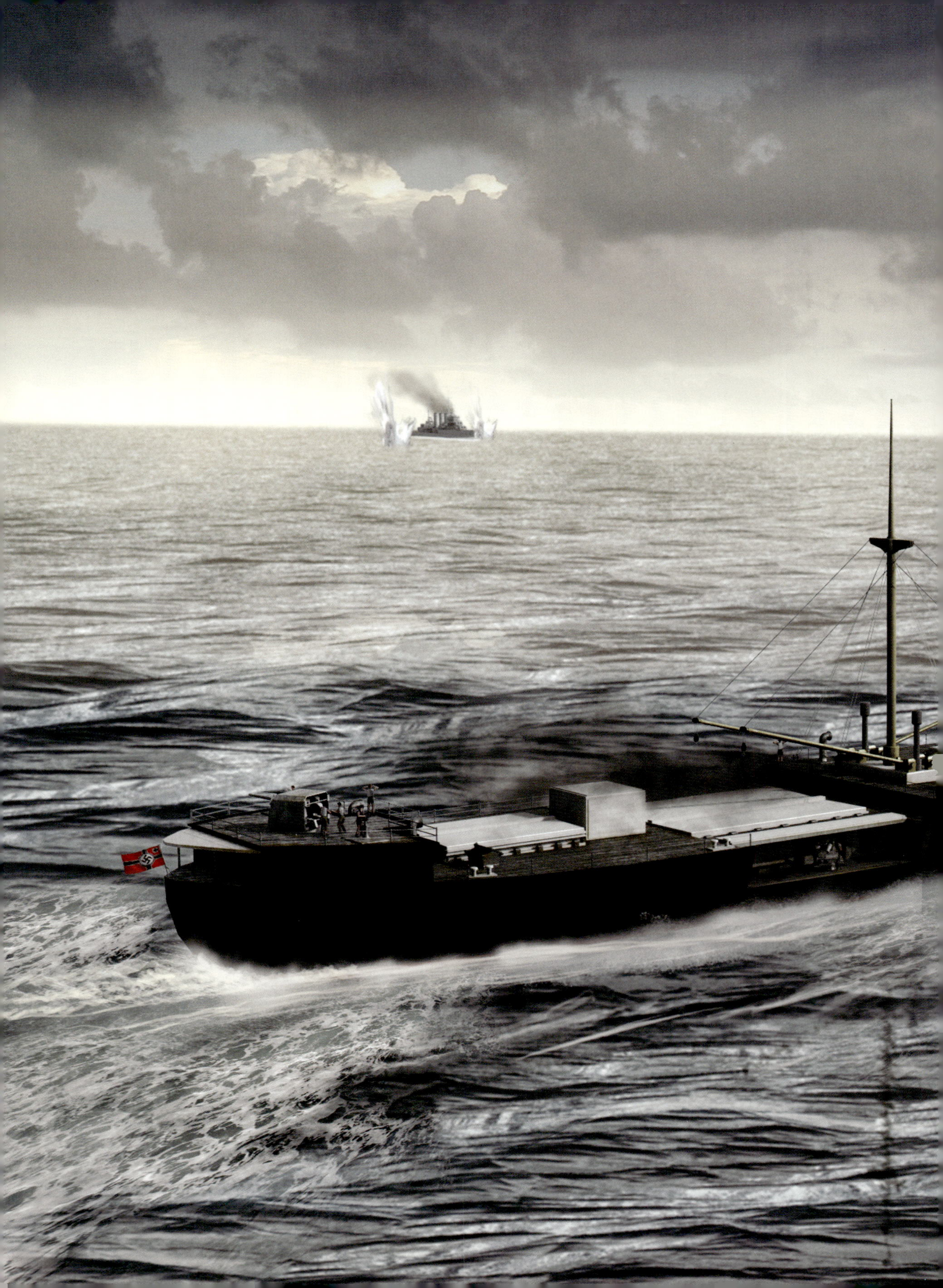

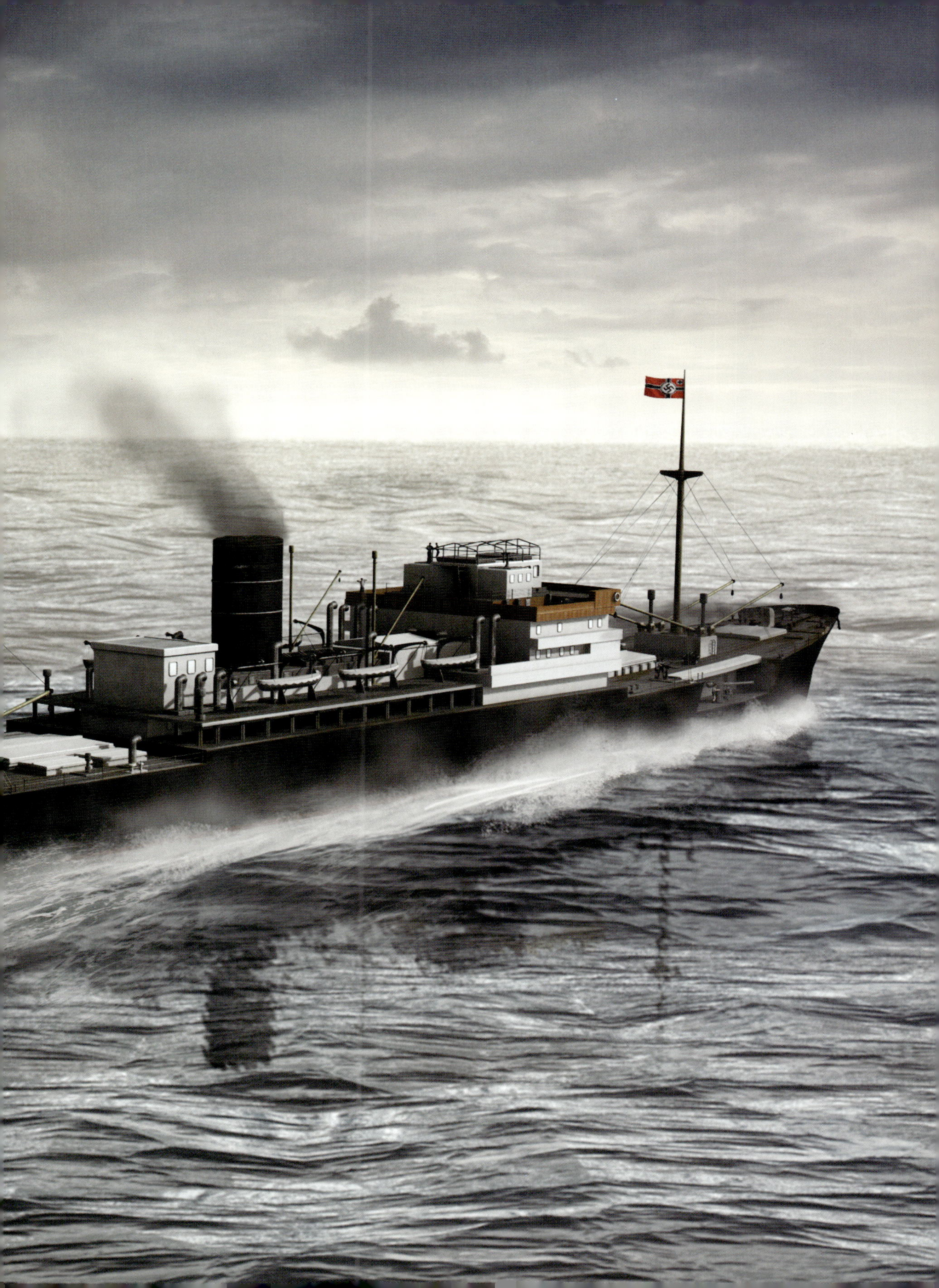

ンウォールの艦長パーシバル・マンウォーニング海軍大佐は、残燃料を気にかけつつも25ノットの速度で現場海域に急行した。同じ頃、クリューダーは救援が現れる方向の確証がないため、艦首を南に向けたが、それはまさにコーンウォールと正対する方向であった。

翌朝0300時頃、ピンギンの優秀な見張り員が、自艦に迫りつつあるコーンウォールの姿を確認した。一方のコーンウォールではピンギンの発見が遅れていた。クリューダーは針路を慎重に西寄りに変え、敵巡洋艦から姿を隠した。一方、0700時前後に、マンウォーニング艦長は教則にしたがい2機のウォーラス水上偵察機を飛ばして通商破壊艦の発見に努めた。そして0707時に1機がピンギンの姿を認めた。この時、ピンギンはノルウェー船籍の貨物船「タメルラーネ」号に偽装していた。マンウォーニングは通商破壊艦の方位測定班に警戒されることを危惧して、偵察機には無線を使用しないように命じていたが、今回はそれが裏目に出た。現在進行中の情報が得られないだけでなく、報告内容も帰投した偵察機パイロットの記憶に頼る部分が大きくなるからだ。0825時、ノルウェー船籍と想定される貨物船が65マイル西方を航行中であることを知ったにもかかわらず、マンウォーニングは2機目の偵察機が戻ってくるまで待つという愚かな選択をしてしまう。彼がこだわった無線封止によってさらに2時間を浪費しながらも、昼近くになるまで、ピンギンの方角に向かう決断ができないでいたのだ。

マンウォーニングは、周辺海域に他の船が見当たらないことから、発見した所属不明艦がドイツの通商破壊艦ではないかという疑いを強めていたが、確信を持つには至らず、明瞭な決断ができずにいた。このようにイギリス艦長が逡巡している間に、3時間あまりも放置されたピンギンは、速度13ノットで這い進んでいたのである。1345時、マンウォーニングは再びウォーラス偵察機を飛ばし、今回は目標上空を飛行して積極的に目標を視認してくるように命じていた。正確な情報が集まるまでは、艦同士の接近を控えようと考えたのである。間もなくピンギンを発見した偵察機は、発光信号によって艦の所属を明らかにするように求めた。クリューダーは偽装を維持したまま、ノルウェー船籍貨物船タメルラーネ号としての正しい識別コードを使ってウォーラス偵察機に返信している。ピンギンの周囲をしばらく飛行して写真を撮影したウォーラスは、1223時にコーンウォールに帰投して、タメルラーネ号の報告をした。現像した写真は、タルボット＝ブーツ船舶カタログの記載と一致しているし、識別コードも正しい。しかし、当該海域で活動中の船舶リストに、その艦の名前はない。マンウォーニングには、コロンボの海軍関連部署に問い合わせて確証を得るという方法もあったが、この時も彼は無線封止を優先した。このようにして8時間近くを浪費したが、ついにマンウォーニングは29ノットまで増速して不審船の進路妨害を試みた。1607時、コーンウォールはタメルラーネ

下左：ピンギンに応射するコーンウォール。先手をとられ、劣勢に立たされたにもかかわらず、イギリス巡洋艦の8インチ砲と優れた射撃指揮が戦局をひっくり返した。（著者所有）

下右：ピンギンが放った最後の一弾はコーンウォールに届かなかった。同時に、遠景の中で通商破壊艦は沈みゆこうとしている。（著者所有）

8インチ砲弾4発の斉射を受けたピンギンは、積載していた機雷が誘爆して木っ端微塵になった。401人の乗組員のうち、この爆発を生き抜いたのは60名だけであり、彼らはコーンウォールに救助されている。（著者所有）

舷側方向に砲撃中の仮装巡洋艦。配置の制限から、仮装巡洋艦は片舷に向けては3～4門による斉射しかできない。15cm砲を統制する砲術士官は、艦橋後部の測距室にある3m光像式測距儀が計測した射撃データを艦内電話によって各砲に伝達する。（NARA）

号を視界にとらえた。ピンギン艦上では、クリューダーが接近する敵巡洋艦から身を翻しつつも、偽装は解かないよう命じていた。

1630時、ピンギンは捕獲していたイギリスの送信機を使って〈QQQ信号〉を打電した。「ワレ不審船ニ追ワレツツアリ」。コーンウォールは自艦はイギリス巡洋艦であると通告しつつ、ピンギンに停戦命令を出し続けていたのである。この時も、マンウォールはまだ相手がいささか愚かなノルウェー貨物船に違いないと信じていたのだ。静かな追跡戦は50分にわたり繰り広げられたが、コーンウォールは最後通告となる砲撃距離を図りつつ、じわじわとピンギンとの距離を詰めていた。そして1万9,000ヤードにまで距離が縮まると、警告射撃を1発放つと同時に、「停船セヨ、サモナクバ攻撃スル」との信号を発した。それでもクリューダーはコーンウォールの警告を無視して逃走を続け、時間を稼いだ。14分後、マンウォーニングが2発目の警告射撃を行なったときには、距離が1万2,000ヤードまで短縮していた。

さすがにこれ以上の偽装は難しく、いつ狙い撃ちされてもおかしくない状況になったことにクリューダーは気づいていた。しかし、軽率にも敵巡洋艦はピンギンの有効射程に入り込んでもいたのである。0715時、左舷回頭したピンギンは、同時に偽装を解いてドイツ海軍戦闘旗を掲げた。奇襲は成功、1万500ヤードから斉射を放ったのである。戦闘開始直後、コーンウォールでは電路の故障によって射撃指揮所からの管制を受けていた主砲が停止してしまい、約7分間にわたり主砲が正常に作動しなくなっていた。悪いことは重なるもので、コーンウォールに命中した15cm砲弾が、今度は操舵を破壊してしまう。結果、ピンギンは3分の間、一切の反撃を受けることなく、コーンウォールを叩くことができた。マンウォーニングはたまらずに敵の有効射程から逃れるほかなかった。それでもコーンウォールのA、B砲塔は個別測距に切り換え、手動で砲塔を旋回してピンギンを砲撃した。

反撃不能の状況でもがいているコーンウォールを、ピンギンは雷撃でとどめを刺そうと考えた。ところが突然、コーンウォールの8インチ砲2基4門が斉射し、これがピンギンに命中する。この0726時の出来事が、戦いの行方を決めた。1発目が艦首付近の15cm砲2基を破壊し、別の1弾がクリューダーを含む司令部要員ごと艦橋を吹き飛ばした。さらに機関室にも命中弾が発生している。だが致命傷となったのは、触発性機雷130発が格納されていた貨物室への命中弾である。ピンギンは大爆発を起こし、真っ二つになって

瞬く間に姿を消した。342名の通商破壊艦乗組員とイギリス人捕虜203名が、艦と運命をともにした。こうして不可解な勝利を得ることができたコーンウォールだが、電気系統の修復はうまくいかず、艦は行動不能のまま3時間も漂流する羽目に陥っている。最終的にコーンウォールは60名のドイツ兵と、22名のイギリス人捕虜を残骸浮遊物の中から探し出した。

　11分間の砲撃戦で、ピンギンは200発を放ったが、命中弾は2発だけだった。一方、コーンウォールは136発しか撃っていないが、4発を当てている。クリューダーはできるだけ偽装を引き延ばして巡洋艦をやり過ごすか、さもなければ有効射程まで引きずり込もうと考えた。事実、これはほとんど成功しかけていた。コーンウォールの側では、艦長、乗組員を問わず、この手の遭遇戦に不慣れであることが明らかだった。マンウォーニングは、不審船の扱いを決めるまでに、許容しがたい時間を浪費しただけでなく、東インド洋司令部と情報を共通して、自らの意図を報告することも怠っていた。そしてひとたび試練に直面してみると、今度は高い授業料を支払って、自艦の欠点を暴露することになった。もしマンウォーニング艦長が対峙したのが、トールのように練度の高い砲手を擁した仮装巡洋艦だったら、コーンウォールの艦橋機能と射撃指揮所は最初の7分間で跡形もなく吹き飛ばされていたに違いない。こうしてマンウォールがイギリス海軍で最初に仮装巡洋艦を仕留めた艦長となった。しかし、海軍本部は彼の作戦指揮を特に評価しなかったので、ピンギン撃沈の功績は受勲の判断材料にはならなかった。さらに後の1942年には、コーンウォールは日本軍の攻撃で撃沈されてしまうと、以降、マンウォーニングは艦隊勤務を外され、昇進することもなかった。この交戦の詳細が明らかになった後、海軍本部は巡洋艦の各艦長に対して、通商破壊艦とおぼしき不審船を発見した場合はまず安全な距離をとり、可能な限り水上偵察機を用いて接触を図るべき旨を通達している。

　ピンギンの生存者に対して行なわれた尋問からは、複数の通商破壊艦よる作戦規模の大きさが判明した。ピンギン撃沈から3週間後、イギリス海軍情報部は存在が明らかになった通商破壊艦に識別記号を与え [訳註24]、海軍情報週報64号に掲載して全艦隊に通告した。この情報週報は、仮装巡洋艦トールの改装前の船籍を当てたように、通商破壊艦の規模や各艦の特徴にまで言及した最初の情報源となった。イギリス情報部が全容を掴み始めたことによって、通商破壊艦は顔の見えない謎の敵から、排除可能な敵艦として明確に認識されたのである。

■ 太平洋の対決 1940年6月〜1941年10月
The duel in Pacific Waters, June 1940-October 1941

　1940年6月、クルト・ヴェイヘル海軍少佐が艦長を務めるオリオンは、太平洋に進出した最初の仮装巡洋艦となった。9月にはロベルト・イーセン海軍大佐の仮装巡洋艦コメートが2隻目としてこれに続いている。太平洋の英連邦海軍は、インド洋や南大西洋のように指揮系統が一元化されておらず、イギリス海軍の極東根拠地、オーストラリア海軍、ニュージーランド海軍の3系統が併存していた。また、太平洋での通商破壊戦では、水面下で日本の支援を得ることができたうえに、イギリス軍艦は日本の領海

訳註24：ドイツ仮装巡洋艦の全体像はもちろん、名称まで不明だったが、この頃にはようやくイギリス海軍でも断片的な情報をつなぎ合わせて、仮装巡洋艦に暫定的な名前を与えることができた。例えばオリオンは〈襲撃艦A〉、コメートは〈襲撃艦B〉と呼ばれていた。

荒海を航行中の仮装巡洋艦オリオン。比較的近海を航行中でさえ、仮装巡洋艦を特定するのは難しく、しかも彼らは捜索の目を出し抜くのに熟達していた。（NARA）

には自由に出入りできなかった。各海軍の行動も地理的な条件に制約されていて、オーストラリアやニュージーランドは自軍の巡洋艦を自国の港湾からあまり離さないようにして沿岸航路の防衛に努め、シンガポールを根拠地とするイギリス海軍第5巡洋艦戦隊の3隻も、マラッカ海峡の護衛に忙殺されていた。

　1940年6月から12月にかけて、オリオンとコメートは合わせて18隻、12万7,000トンの商船を沈め、イーセン艦長は2隻の仮装巡洋艦をドイツ海軍の「極東艦隊」と呼ぶなど意気盛んだった。6月13日の深夜、ヴェイヘル艦長は大胆にもニュージーランドのオークランド沖にあたるハウラキ湾に侵入して、敢えてカルヴァー灯台の監視範囲の中で228個の機雷を敷設した。オリオン乗組員の証言を信じるならば、機雷敷設作業にかかった約7時間に、軽巡アキリーズと武装商船ヘクターの他に4隻の貨物船がオリオンの側を通過してオークランドに入港したとのことである。機雷敷設作業は滞りなく成功したが、ドイツ水兵たちはニュージーランド周辺の緩みきった警戒態勢に逆に驚かされた。

　2隻の仮装巡洋艦が次にイギリス巡洋艦とニアミスしたのは2ヶ月後である。この時、ニュージーランド沖でオリオンが撃沈した商船「ツルカナ」号は、沈むまでの間、救難発信し続けていた。直ちに軽巡アキリーズとパースが現場海域に急行し、周辺海域の捜索用に偵察機隊も編成された。ヴェイヘルは大急ぎで退避したが、オランダ船籍の貨物船に偽装していた仮装巡洋艦オリオンは、危険海域から脱出する直前に、ニュージーランド空軍のヴィッカース・ヴィルデビースト軽爆撃機に発見されてしまう。しかし、偵察機はオリオンの偽装にすっかり騙されてしまい、ヴェイヘル艦長はまんまと虎口を脱する事ができた。偵察機の限界がここでも露呈してしまったのである。1週間後、今度はオーストラリア沖を航行中のオリオンを、同空軍のロッキード・ハドソン哨戒爆撃機が発見したが、この時もオランダ貨物船の偽装に騙されている。民間のラジオを使ってニュージーランド空軍の通信を聞けてしまうのを発見したドイツ兵の驚きは察するにあまりある。彼らはこの情報を利用して、ほとんどの哨戒機をやり過ごすことができた。

イギリス巡洋艦オリオンの艦上で6インチ砲の操作に携わる砲塔要員。尾栓の後ろに立つ装填手が、ラマーを手に砲尾から砲弾を押し込んでいる。手前の水兵は、揚弾機からコルダイト火薬が詰まった薬嚢を取り出しているところ。（IWM,A23468）

　コメート、オリオンともマーシャル、カロリン、マリアナなどの島嶼を補給や修理の拠点として利用したが、これは日本の許可を得ていたこともあって安全はかなり確保されていた。また、横浜港を拠点とした3隻の補給艦が彼らの戦闘力を良好に保っていた。補給物資は、東京駐在のドイツ海軍武官が購入していたが、これにはオリ

オンが装備した中島飛行機製九五式水上偵察機も含まれている。他の海域で活動していた艦長とは違い、ヨーロッパへの帰還頻度が低い補給艦に支援されていたコメートのイーセン艦長は、捕虜の引き渡しが難航して苦労していた。日本も英独の戦争に対して当時は中立だったので、さすがに捕虜を引き取るわけにはいかない。捕虜の数が増えるにつれ、積載している物資不足が深刻になってきたため、イーセン艦長は500名の捕虜を遠隔地のビスマルク諸島のエミラウ島に残してゆく決断をした。実施されたのはクリスマスを4日後に控えた1940年の暮れである。この判断は裏目に出た。捕虜は予想していたよりも早く英連邦軍によって救助され、彼らの口からは、ドイツ軍の仮装巡洋艦が日本の貨物船に偽装し、日本の委任統治領になっている島を拠点としていることが明らかにされたからだ。イーセン艦長が捕虜の切り離しに性急だったことが、返ってイギリスに太平洋における通商破壊作戦の全容を知らせる結果となってしまったのである。

　イーセン艦長の軽率な判断はこれに留まらない。1940年12月27日には、海軍作戦局から提示されたわけでもないのに、ナウル島にあるリン酸肥料工場に艦砲射撃をしてしまったからだ。この攻撃にはなんの軍事的意義もない上に、英連邦軍が本気で通商破壊阻止に動き出すきっかけを与えてしまった。とりわけ商船の移動と、作戦情報の秘匿という2つの点において英連邦側が情報共有に力を入れる契機となった。自国海域にまで戦争が及んできたことを知ったオーストラリア、ニュージーランド両空軍は、哨戒活動を強化したが、これは少なくとも主要港近辺での航路における通商破壊が困難になったことを意味する。イーセン艦長が解放した捕虜からの情報を基に、イギリス海軍本部は通商破壊艦の活動が予想される海域の商船航路を迂回させたので、被害は目に見えて減少した。続く8ヶ月間で、コメートとオリオンの戦果はわずか3隻にまで激減している。手詰まりに陥った事を悟った両艦は、1941年末までにヨーロッパに無事帰還した。

■仮装巡洋艦コルモランvs.軽巡シドニー、1941年11月19日
Kormoran vs. Hmas Sydnεy, November 19, 1941

　テオドール・デトメルス海軍少佐は、7隻の仮装巡洋艦のうち最後に出航した仮装巡洋艦コルモランの艦長であり、1941年1月になってようやくブラジル〜アフリカ間の南大西洋作戦海域に到達した。ここで3ヶ月の間に8隻のイギリス商船に被害を与えた後、インド洋に移動し、今度は1941年6月から9月にかけて、3隻の商船を沈めている。コルモランは両方の海で、〈RRR信号〉を受信したイギリス巡洋艦に接触される危機に幾度も見舞われている。ベンガル湾での作戦時には武装商船「カントン」に捕捉され、かなり長時間、追尾を受ける事態に陥った。カントンは6インチ砲を9門も搭載し、珍しく水上偵察機まで搭載した、強力な高速武装商船だった。仮装巡洋艦トールのケーラー艦長とは違って、デトメルスはカントンに対して砲術要員の腕前を披露しようとは考えなかったが、この判断は賢明だろう。ダナイー級軽巡ダーバンも近海を哨戒中だ

1941年3月、Uボートと共に補給艦と接触中のコルモラン。デトメルス艦長は、最初の3ヶ月間を南大西洋で過ごして8隻の商船を捕捉したが、インド洋に移動した1941年中盤になると、戦果は急速に衰えていった。(Bundesarchiv,Bild 146-1969-117-48,Fotograf:Winkermann)

ったからだ。デトメルス艦長はどうにかカントンを出し抜いて、南洋に姿を消すのに成功した。

　1941年夏には、インド洋の状況は大きく様変わりしていた。イギリス商船は空軍哨戒機の目が届きやすい沿岸に航路を移す一方、ピンギンの喪失以降、仮装巡洋艦側は沿岸部近海での作戦に慎重になっていたからだ。デトメルス艦長はインド洋中央部を数週間にわたって遊弋したが、連合軍貨物船を9月26日に仕留めたのを最後に、獲物は途絶えていた。彼はオーストラリアのルーウィン岬南西海域で補給艦「クルマールラント」号と接触するため、10月中旬には東に向かって航行していた。無事に補給を受けたコルモランは、まずパース港沖合に420個の機雷を敷設しようと考えたが、海軍作戦局の情報によると、巡洋艦の護衛を伴う船団が間もなく同港を出港するとのことであり、コルモランは北方のシャーク湾近海に姿を隠してやり過ごした。デトメルス艦長は、機雷敷設任務を片付けたら、インド洋に戻ってさらに半年間ほど通商破壊を実施した後に本国に向かうつもりでいた。

　機雷敷設こそ後送りになっていたものの、デトメルスは11月中旬にかけての数週間、オーストラリア北東沖の遊弋におおむね満足していた。奇妙なことに、彼は接近中の敵艦を発見する上でも有益だったはずのアラド水上偵察機を、積極的に用いようとはしなかった。11月19日午後、速度11ノットで北航中のコルモランは、北西方向から接近中の船影を確認した。デトメルスが艦橋に到着した1600時には、すでに接近中の艦船は敵巡洋艦であることが判明していたため、デトメルスは即座に14ノットに増速を命じ、転針して逃れようとした。敵艦船の正体は、オーストラリア海軍の軽巡シドニーで、ジョセフ・バーネット海軍大佐が艦長を務める同艦は、スンダ海峡への兵員輸送護衛任務を終えて、オーストラリア西部のフリーマントルに帰港する途中だった。バーネット艦長は、ドイツの通商破壊艦と、支援にあたる補給艦が自国近海で活動中という情報こそ得ていたものの、コルモランに関する具体的な情報までは知らなかった。Y部隊はオーストラリア西岸海域一帯でドイツ海軍の信号が増加しているのを掴んでいたが、その実在を確証させる船舶の損害もなく、通商破壊艦の情報としては精度が低かった。このように、バーネット艦長は近海での敵艦の活動に関する警戒心が薄かったこともあって、シドニーの針路にウォーラス水上偵察機を先行させていなかったのである。

　水上偵察機を使ってコルモランの正体を確かめるまではしなかったバーネットであるが、不審船が艦首を翻して増速したのを見ると、確認の必要を感じ、距離を詰めるよう命令した。シドニーは速力18ノットで、コルモランの右舷側から接近した。5分後、シドニーは探照灯を使って「NNJ」と伝達した。艦に秘密符号を明らかにするように求めたのである。デトメルスは信号員にオランダ貨物船「ストラート・マラッカ」号を示す識別信号旗を掲げるように指示を出す。しかし、秘密符号を明らかにしようとしない不審船を、バーネットはそれほど深く疑わなかったようだ。というのも、オランダ商船は、

戦時塗装状態の豪海軍軽巡「シドニー」。地中海で華々しい戦果をあげたのちに、同艦はオーストラリア本国海域で、約半年間、平穏な護衛任務に携わっていた。（シドニー発見協会）

仮装巡洋艦コルモラン vs. 軽巡洋艦シドニー　1941年11月19日

1. 1730時、コルモランは1,500ヤードの距離で砲撃を開始する。
2. 1735時、シドニーは南に転針。
3. 1745時、損傷したコルモランは速度低下。シドニーは左舷から魚雷4発を発射。
4. 1750時、シドニーは速度5ノットで南進する。
5. 1825時、コルモランは射撃停止。

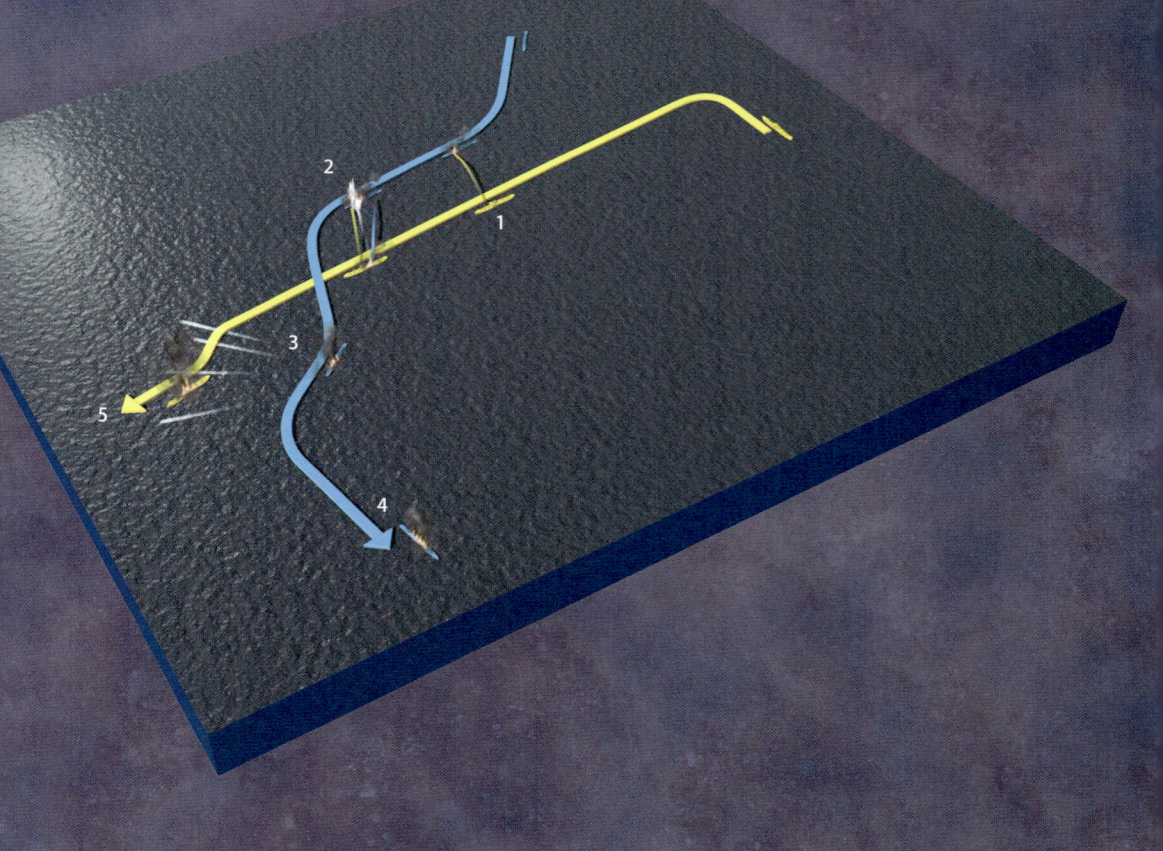

自艦に割り当てられていた符号を知らないことが多々あったからだ。ここでバーネットはミスを犯した。パースの通信本部に該当海域におけるオランダ船の所在確認を問い合わせず、オランダ船を名乗る不審船と接触中であるという現状の報告も怠ってしまったからだ。代わりに、彼は不審船との距離を詰めつつ、全砲門の照準をこの「自称オランダ船」に合わせるよう命じていたが、例えば前方に警告射撃を打ち込むような行動に踏み切るのは躊躇してした。膠着状態のまま、シドニーはコルモランへの接近を続け、30分にわたり識別コードを明らかにするよう求めていたが、当然、コルモランからの返事があるはずはない。シドニーの射撃指揮所に詰めていたマイケル・シンガー少佐は、全砲門の着弾目標をコルモランの艦橋に合わせつつ、測距を進めていた。一方のコルモランでは、デトメルス艦長が戦闘準備を急ぎ、総員に敵巡洋艦が接近中であることを伝達した。そしてシドニーの信号員が船の積み荷と目的地に関する詳細情報を要求してくると、デトメルスは敵艦に混乱を起こさせるために、通信室に〈QQQ信号〉を発信するよう命令したのである。半年前、ピンギンはコーンウォールに対して同じような策略を繰り返していたのだが、バーネットの頭からその事が抜け落ちていたのは明らかだ。1725時、シドニーは不審船に対して「秘密符号を掲げよ」とはっきりと要求した。

　不器用だが、それだけにもっともらしく見える自称オランダ船籍貨物船の反応に、いささか安全措置を軽視していた気配が見えるバーネット艦長は、まんまと騙されていたらしい。貨物船が疑わしい動きを見せていたにもかかわらず、ドイツ船と見なしての対処をしなかったが、おそらくは、もし敵艦ならばこの段階で自沈するか、砲門を開いてくるだろうと信じていた節がある。バーネットは、パースに帰港する前に、このオランダ貨物船の臨検を済ませておこうと考えたようだ。後にデトメルスは否定しているが、コルモランはおそらくストレート・マラッカ号の識別コードを知っていた。しかしシドニーとの接触を考えると、デトメルスは、これ以上の偽装船としての引き延ばしは不可能と判断するほかない。シドニーがコルモランから見て右舷後方1,500ヤードに迫ったことで、戦術的な状況は、デトメルスにとって最高に望ましい形になった。シドニーの主砲はすべてコルモランに向けられていたが、デトメルスは、シドニーの乗組員が緊張感を欠き、詰め所でくつろいでいたり、甲板の手すりにたむろして煙草を吸うなど、怠慢な様子でいるのをはっきりと見て取った。決死の覚悟を固めていたのは、ドイツ軍側だけだったのだ。

　1730時、デトメルス艦長は「偽装解除」を命じた。備砲の覆いが取り払われ、ドイツ海軍の戦闘旗がマストに掲げられた。これを見たバーネットは、オランダ貨物船がドイツの仮装巡洋艦だったことを知って激しく狼狽したことだろうが、それも長くは続かなかった。最初、コルモランは艦尾右舷の2門しかシドニーに向けることができなかったが、この時に斉射

下左：ウォーラス水上偵察機を射出する直前の豪軽巡シドニー。コルモランとの遭遇時になぜバーネット艦長がウォーラスを使用しなかったのか、原因は判然としないが、もしそうしていれば、続いて起こる展開は大きく変わっていたに違いない。
（シドニー発見協会）

下右：83口径37㎜対空砲を操作訓練中のドイツ水兵。1940年2月撮影。コルモランの艦尾に据えられた37㎜連装対空砲は、緒戦でシドニーの射撃指揮所を破壊するという重要な役割を果たした。
（Bundesarchiv, Bild 101II-MN-0945-08）

2008年に発見された軽巡シドニーのB砲塔の様子。コルモランが放った15cm砲は、驚くべき精度で砲身の間の砲塔基部に命中した。1インチ厚の装甲を射貫いている様子がはっきりとわかる。（シドニー発見協会）

された2発のうち1発がシドニーの艦上構造物に命中した。同時にコルモランの艦尾に据え付けられた37mm連装対空砲要員だったヤコブ・フェントは、外す方が難しい距離から、シドニーの艦橋に100発もの高性能榴弾を撃ち込んで、バーネット艦長とその幕僚を粉砕している。続いてフェントは装甲が薄い射撃指揮所を掃射して、シンガー少佐ら要員のほとんどを殺傷した。20mm対空機関砲を指揮していたヴィルヘルム・ブリンクマン海軍中尉は、直ちにシドニーの上甲板を掃射して、ウォーラス偵察機周辺の乗組員を殺傷し、同機を炎上させた。次いで対空機関砲は無防備の4インチ対空砲や魚雷発射管周辺に射線を集めて、多数の水兵を撃ち倒した。反撃が始まるまでの15秒の間に、粉砕された射撃指揮所において、誰かが4基の砲塔に連動していた射撃ペダルを踏み込んだが、シンガー少佐が最後に射撃データを伝達してから、コルモランにさらに接近していたために、ほとんどの砲撃は遠弾となってしまった。それでも1発はコルモランの煙突に命中し、爆発の破片が甲板上の20mm対空機関砲要員を巻き込んだ。しかし、シドニーでは射撃指揮所が炎上して射撃データが届かなくなってしまったため、しばらくの間、射撃が停止していた。

　戦端が開かれて1分もしないうちに、コルモランの右舷15cm砲は6斉射、18発の高性能榴弾をほとんどゼロ距離から叩き込んで、シドニーの艦橋、射撃指揮所、通信室などを次々と残骸に変えた。1発はB砲塔基部に直撃している。15cm砲の大半は触発信管式の高性能榴弾で、命中と同時に大爆発を起こすようになっていたので、艦上構造物への命中弾は、周辺を即座に残骸に変えると同時に、火災を引き起こしていた。デトメルス艦長は

バーネット艦長が戦死した艦橋周辺の残骸。艦橋の正面には大口径砲の命中痕がはっきりと確認できるほか、射撃指揮所の位置もずたずたにされている。（シドニー発見協会）

戦闘開始

上左：海底に散らばる残骸の中で、上下逆さまになっている射撃指揮所。砲撃戦開始と同時に射撃指揮所の機能を喪失したことで、シドニーの反撃は著しく低調になってしまった。（シドニー発見協会）

上右：コルモランの機関室に致命傷となる命中弾を放ったX砲塔。この砲塔に詰めていた優秀な砲手は、指揮系統を砲塔側に切り換え、敵艦の戦闘力を奪うに足るだけの時間を手にすることができた。（シドニー発見協会）

中：まだ2本の魚雷が残っている、シドニーの左舷魚雷発射管。最終的にシドニーは6本の魚雷を発射したが、コルモランには1発も命中しなかった。（シドニー発見協会）

下：コルモランの残骸において、比較的良好な状態を保っている15cm砲。射撃速度が速すぎた結果だろうか、砲身が過熱して塗装が落ちてしまっているところに注目。砲手用の測距儀も原形を留めている。（シドニー発見協会）

右舷魚雷発射管による雷撃を命じた。このうち1発は、シドニーのA砲塔の前方に命中し、同砲を使用不能にすると共に、艦首周辺に甚大な被害を与えた。

　数分後、シドニーは艦首から沈み始め、速度も5〜7ノットに減少していた。艦は、火災で手に負えなくなっていた。艦橋要員は姿を消していて、残された乗組員は戦闘力を回復しようと躍起になったが、主砲の指揮系統を砲塔に移したばかりで、新たに測距を終えるにはかなりの時間が必要だった。通常、砲塔側が主導権を握って射撃を実施する場合は、1発試射して、この結果を基に計測を行なうが、今はそんな手順を踏む余裕はない。さらにX砲塔およびY砲塔の要員らは、艦上構造物の残骸から立ち上る煙で視界を奪われている。Y砲塔では、砲が使用不能になってしまうまでにわずか3斉射しかできず、しかも砲弾はあさっての方向に消えていった。しかし、X砲塔の射撃はコルモランを正確に捉えた。2発の6インチ砲弾が機関室に命中して、機関士を全滅させ、艦内を火の海に変えた。数分の内に、デトメルスは機関部との連絡を断たれてしまい、コルモランは速度を落とし始めた。別の1弾は第3備砲に命中して、これを瓦礫の山に変えている。

　大火災を発しながら、艦首より沈み始めたシドニーだが、誰かが艦を操作してコルモランから距離をとると共に、15㎝砲弾が命中して誘爆するのを避けるためだろう。左舷魚雷発射管から魚雷2本が放たれた。しかし、どちらの魚雷も命中しなかった。事態はシドニーにとって悪い方向に傾く。シドニーに命中した魚雷の影響で、砲が右舷方向に旋回できず、X、Y砲塔が目標に向けられなくなってしまったからだ。その一方で、コルモランの砲手たちは、いまや手の施しようがない状態の敵巡洋艦に向けて容赦なく射撃を浴びせ続けていた。ほぼすべての備砲が沈黙するのに合わせるかのように、1815時、シドニーは左舷に急速回頭し、慣性で進んでいるだけのコルモランの後方をかすめていった。コルモランの航跡を横切った瞬間、シドニーは左舷魚雷発射管から魚雷4本を放ったが、これも命中しなかった。

　去りゆくシドニーに対し、コルモランは射撃を続けていたが、1825時には距離が大きく開き、自身が火災で手の施しようがなくなったので射撃を停止した。仮装巡洋艦の命運も尽きかけていた。火災は勢いを増し、艦尾の機雷格納庫にも炎が迫っていたからだ。デトメルス艦長は、シドニーの姿が水平線に消えるのを確認すると、すぐさま自沈処分を命じた。この戦闘で、36名の乗組員が戦死。重傷者も40名に達していたが、彼らは手荒でもとにかく救命ボートに積み込まれた。残る317名の乗組員は、救命ボートに分乗し、大急ぎで脱出した。コルモランは深夜に自沈処分され、燃えながら沈んでいった。数日の内に、生存者はオーストラリア海軍によって救助され、戦争が終わるまで、彼らは戦時捕虜として過ごすことになった。

　シドニーはどうなったのか？　シドニーが漂流している間に、乗組員のほとんどは戦死しているか、

コルモランの魚雷発射管は発射準備状態のまま開いている。魚雷がシドニーに命中するまでには2分間が必要だったが、その魚雷がもたらした被害が、シドニーにとって致命傷となった。
（シドニー発見協会）

負傷していた。おそらく戦闘終了から4～5時間のうちに、艦首からの浸水が許容量を超えてしまい、沈没したのだと考えられる。海中に投げ出された乗組員の中には、少なからぬ生存者がいたに違いないが、結果として645名全員が生きて帰らなかった。シドニーの損害は第2次世界大戦における生存者ゼロの沈没例としては、最大の被害事例となったため、戦後、コルモランの振る舞いを巡り、道義上の論争が激しく沸き上がることとなった。

　コルモランと軽巡シドニーの戦いは、仮装巡洋艦が巡洋艦に全兵装を用いて対決した唯一の事例である。奇襲という平常ならざる戦術状況下、火力が壊滅的な被害をもたらす決定要因になった。約50分間の戦闘で、コルモランは500発の15cm砲を発射して、約86発を命中させた他、魚雷1本と無数の小口径砲を撃ち込んでいる。軽巡シドニーが何発撃ったか、正確な数はわからない。しかし、おそらく50発程度の6インチ砲と、魚雷6本といったところだろう。リーダーシップの優劣と、奇襲効果の2つの要素が影響する度合いが強いので、この戦いは初期条件の釣り合いがとれた対決とは言えない。それでも、オーストラリア人にとって感情的に受け入れがたいのは理解するが、不審船の正体に確信が持てないまま艦を近づけすぎてしまったバーネット艦長の判断が、乗組員全員の命と共に艦を失う最大の原因となっていることに、疑いの余地はない。

仮装巡洋艦アトランティスvs.重巡デヴォンシャー　1941年11月22日
Atlantis vs. Hms Dεevonshirε, November 22,1941

　手持ちの巡洋艦隊だけで、半ダースほどの仮装巡洋艦を見つけ出すことが不可能であることを悟ったイギリス海軍本部は、1941年中盤までに、通商破壊艦に打撃を加えうる間接的な戦略を組み直した。巡洋艦を危険海域の近海に遊弋させて、〈RRR信号〉に呼応した救援艦隊が現場海域に急行するという従来のやり方から、仮装巡洋艦を支援しているドイツ海軍の海上通信網に狙いを切り換えたのである。Y部隊にはアイスランド近海で作戦中のドイツの気象通報艦を発見するように命令がくだり、1941年5月7日には、軽巡エジンバラがドイツの補給艦「ミュンヘン」号の拿捕に成功した。ミュンヘン号を臨検したイギリス水兵は6月分の「近海」暗号に割り当てられたキーを破るエニグマ暗号表を接収している。この情報を利用したイギリス海軍は、続く2ヶ月の間に大西洋上で15隻以上のドイツ海軍補助艦艇を見つけ出し、排除している。結果として、大西洋上における仮装巡洋艦の補給手配は大きく損なわれてしまった。1941年8月1日までに、Y部隊は「近海」暗号を1日単位で解読できるようになり、イギリス海軍は通商破壊艦のおおざっぱな作戦海域を絞り込むことができただけでなく、解読済みの「近海」暗号を通じて広範な情報を通信し続けていたUボートと補給艦の合流海域に目星が付けられるようになっていた。

　こうして、海軍情報部が通商破壊艦の追跡に有効な支援策を確立し始めると、まもなく仮装巡洋艦がもたらす被害は目に見えて減少するようになった。1941年秋までには、投入された7隻の仮装巡洋艦のう

1941年、重巡洋艦デヴォンシャーは南大西洋における通商破壊阻止作戦に従事していた。1941年1月6日から同29日までの長期哨戒で、仮装巡洋艦コルモランの捕捉に失敗した後、1941年11月には仮装巡洋艦アトランティス撃破を命じられている。1941年5月からデヴォンシャーにはタイプ285射撃管制レーダーが搭載されていたが、これはアトランティスとの対決では役に立たなかった。(IWM,FL5884)

ち、1隻が撃沈され（ピンギン）、3隻は無事本国に帰還し（ヴィデル、オリオン、トール）、1隻は本国に向かう途上にあった（コメート）。したがって、この時期も作戦中なのは、アトランティスとコルモランの2隻だけだった。1941年夏、アトランティスのベルンハルト・ローゲ艦長は通商破壊を切り上げ、本国に帰還しようと考えていたが、戦艦ビスマルクの出撃に呼応したイギリス海軍の動きが [訳註25]、ローゲの考えを変えた。敵巡洋艦隊はビスマルクの到着に備えて中部大西洋に展開していたドイツ補給艦を多数拿捕している。当然、敵はこの海域に最高レベルの警戒態勢を敷いているに違いなく、帰国は遅らせるべきだろうとローゲは判断した。こうして、ローゲは艦首を翻してインド洋に戻り、次いで中部太平洋にまで足を伸ばした。しかし戦果は乏しく、再びインド洋に戻ってくるまでに仕留めたのは、小型貨物船1隻だけだった。

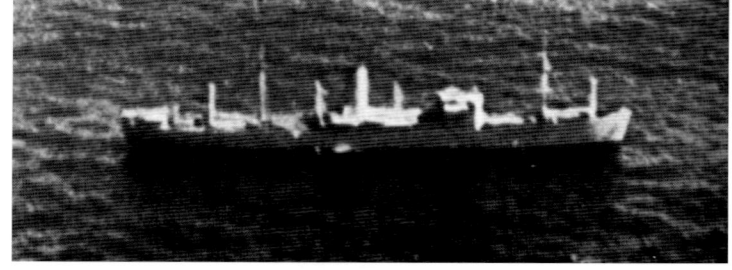

　3つの大洋を18ヶ月以上も遊弋した後の1941年10月29日、仮装巡洋艦アトランティスは喜望峰を巡り、再び南大西洋に入った。イギリス海軍の動きが低調であることも励みとなり、クリスマス前にはフランスの港湾にたどり着けるだろうとローゲは期待していた。海軍作戦局はこれを了解したが、中部大西洋で補給艦が多数失われていたこともあり、帰投分の燃料の再補給は、数隻のUボートと一緒に行なうように指示が出た。ローゲは落胆したが、他に術はない。まず11月13日にセント・ヘレナ島南方海域でU-68と落ち合い、それからアセンション島の沖合でU-126と合流した。この段階になって、アトランティスのエンジンが不調となり、速力が低下した。水上偵察機も使い物にならないほど傷んでいるので、艦の偵察能力も著しく低下していた。ツキが消えかけていたのかもしれない。ローゲは、ツキが完全になくなってしまう前に、祖国に帰還しようと決意した。

　以上の手配に関係する「近海」暗号をキャッチしたY部隊は、情報を南大西洋司令部のアルジェルノー・ウィリス提督に伝達した。提督は即座に重巡ドーセットシャーとデヴォンシャーからなる第3任務部隊（タスクフォース）を編成し、ドイツ軍の補給地点とおぼしき海域に派遣した。U-126のエニグマ暗号通信を傍受したY部隊は、同Uボートが目指す海域とその時期を割り出し、11月21日2004時に、重巡デヴォンシャーのロバート・オリバー艦長は、敵の補給阻止を命じられた。

　11月22日の早朝、アトランティスはアセンション島北東の洋上で、U-126の到着を待っていた。夜明け直後、アトランティスはデヴォンシャーから発艦したウォーラス水上偵察機に発見されていたが、水平線ぎりぎりを飛行していたこともあって、アトランティスの見張り員はウォーラスの存在に気づかなかった。オリバー艦長は針路を不審船の方角に向けつつ、26ノットに増速した。一方のローゲは、偵察機が故障で使用できず、監視局も周辺海域におけるイギリス艦の動向をうかがわせる通信をキャッチできなかったので、敵の戦闘艦が近づいていることに気づかなかった。そのような状況下、事前の予定どおりに到着したU-126は燃料補給のためにアトランティスに横付けした。この機会を利用して、アトランティスの主任エンジニアは不調が続いていた右エンジンの修復に取りかかった。たび

重巡デヴォンシャーはアトランティスに慎重に接近を試み、ウォーラス水上偵察機を飛ばして、情報の精度確保に努めた。写真のように、アトランティスに停戦命令を出して身動きできなくしている間に、デヴォンシャーはフリータウンに問い合わせて、船籍を確認している。（著者所有）

訳註25：1941年5月、ドイツ海軍の最新鋭戦艦「ビスマルク」は、重巡「プリンツ・オイゲン」を伴い、デンマーク海峡を突破して北大西洋に侵入した。通商破壊戦にさらなる重みを加える「ライン演習作戦」の発動である。巡洋艦では歯が立たないビスマルクを大西洋に逃しては、イギリスのシーレーンにとって致命的な打撃になりかねず、イギリス海軍は本国艦隊や地中海艦隊を含む手持ち戦力のほぼすべてを投入して、北大西洋で大追撃戦を敢行した。巡洋戦艦「フッド」撃沈という犠牲を払いながらも、5月27日にビスマルク撃沈に成功するが、その後も中部大西洋はイギリス艦船の密度が高い状態が続いたので、周辺海域は仮装巡洋艦にとっては危険な海となっていた。

たび停止するエンジンのせいで、艦の速度が頻繁に低下してしまうことが、長い間悩みの種となっていたからだ。このように艦がもっとも無防備になっていた0816時、見張り員は接近中の敵の軍艦を発見した。デヴォンシャーである。「敵巡洋艦を発見！ファイントリッヒャー・クロイツェル・イン・ジヒト!」。U-126は急速潜行を開始したが、ウォーラスの目を逃れることはできず、Uボートの存在はデヴォンシャーに伝わってしまった。

　遮るものがない大洋のまっただ中でイギリス巡洋艦に捕捉される。まさに絶望的な状況だ。ローゲはギリシア船籍貨物船「ポリュフェモス」号の偽装を維持して時間を稼ぎ、その間に海中に潜ったU-126がデヴォンシャーを仕留めてくれることに期待する他なかった。彼は通商破壊艦として定型化している回避策に望みを託した。接近中の敵巡洋艦に艦尾を向け、混乱を誘発するために〈RRR信号〉を発信し、敵からの識別要求に対しては、間違った受け取り方をしたそぶりを見せて、のらくらと時間を稼ごうとしたのだ。しかし、海軍本部ではこの頃、通商破壊艦の襲撃警報を〈RRRR〉に切り換えていたので、アトランティスの発する3文字からなる古い〈RRR信号〉は逆に自らを不利な立場に追い込んでしまう。艦の識別コードもなかったことから、事態はますます悪化していた。オリバー艦長は、軽巡コーンウォールのマンウォーニング艦長よりもずっと用心深い人物であり、アトランティスの扱いも慎重だった。そして0837時には2発の8インチ砲弾を警告射撃し、アトランティスに停船を命じたのである。「私の狙いは、先手を打つことで反撃の可能性を封じ、不審船が本当にただの貨物船であることを確信するか、そうでなければ流血を見ずに艦を放棄するように促すことだった。特に同胞の捕虜が乗船している可能性は捨てきれないからね」と、後にオリバーは警告射撃の意図を説明している。

　さらにオリバーは給油のために帰投していたウォーラス偵察機を再度差し向け、空中からもう一度はっきりと目視確認させつつ、潜水艦による雷撃を警戒して、アトランティスから1万5,000ヤードの距離を維持しつつ高速航行を続けていた。ウォーラスのパイロットはすでに7ヶ月前、拿捕された貨物船「ザムザム」号に客として乗り組んでいたライフ誌のカメラマンが隠し撮りしたアトランティスの写真を目にしていた。この時はすでにアトランティスは別の船に偽装していたが、偵察機パイロットはオリヴァー艦長に対して、目下の不審船は通商破壊艦の可能性が高いと伝達している。アトランティスの通信兵は、「我、ポリュフェモス号」と答え続けていたが、オリバー艦長はフリータウンのウィリス提督に、該当するギリシア船舶の所在確認をしている。ローゲ艦長と彼の部下たちは、悲痛な面持ちで奇蹟を待つほかなかった。1時間後、フリータウンの海軍スタッフがポリュフェモス号の正確な所在を通告してくると、0934時、オリバーは距離1万7,500mから攻撃を命じた。この時の様子を、ウルリッヒ・モール海軍少尉は次のように語っている。

　0935時、ついにゲームは終わった！　敵艦の砲塔からは赤や黄色の砲口火焔が次々にあがり、（砲術士官は）「弾着まで12秒っ！」と叫んだ。
　デヴォンシャーからの最初の斉射は、我々を取り囲むように海面を激しく叩き、突然水柱が立ち上がったかと思うと、鋼鉄の破片が頭上から降り注いできた。砲弾が空気を切り裂き、船体に命中する音に被さるようにして、「全速前

進!」と叫ぶローゲ艦長の声が聞こえてきた。

　この時点で、仮装巡洋艦アトランティスと重巡デヴォンシャーの戦いは決着していたが、ローゲはまだ望みを捨ててはいなかった。このまま反撃を控えて耐えていれば、敵巡洋艦はアトランティスが非武装艦であると信じ、拿捕するために接近してくるかも知れないからだ。ローゲは全速前進を命じ、南方に向かって絶望的な逃走を開始した。しかしデヴォンシャーからの4度目の斉射は、寸分違わずアトランティスを捕らえていた。オリバー艦長の砲手たちは初弾観測急斉射法を駆使した砲撃術に長けていて、進路を変えて逃げようとするアトランティスに、いとも簡単に命中弾を送り込めたのである。それでも、デヴォンシャーは15㎝砲の最大射程には収まっていたので、砲術士官はたとえ「名誉の反撃」に留まってしまうとしても、反撃許可を求めたが、ローゲ艦長はこれを却下した。敵巡洋艦は優れた射撃指揮能力を持っていることが明らかな上に、アトランティスには徹甲弾の備蓄が少ないことから、例え数発の命中弾を与えても、反撃が事態を打開しないことが明白だからだ。これ以上の抵抗は乗組員の全滅を招く。今できることは、彼らの命を一人でも多く救うことだった。その間にも、敵艦の砲撃は船体に次々と命中し、艦上構造物を破壊している。ローゲ艦長は、無駄だと知りながらも煙幕を展帳しつつ、回避運動を命じてイギリス軍の照準を逸らそうとした。これを見て、オリバー艦長は新型の射撃管制レーダーを使い、煙幕に隠れた敵艦を狙い撃とうと試みたが、レーダーは構造がデリケートに過ぎて砲撃時の衝撃に耐えられず、実戦では役に立たなかった。代わりに、ウォーラス偵察機がアトランティスを視界に捕らえ続け、弾着観測結果をデヴォンシャーに送っていた。モール少尉は回想する。

　イギリス艦の砲弾が、再び命中しだした頃には、艦はひどい有様になった。この時に初めて、炎に包まれている自艦を目にした時に陥るという、言い古された感覚の正体を知った。甲板は足下でぐしゃぐしゃになっていた。損傷してねじ曲がった鋼材にはめ込まれていた木製の部材が耐えられなくなり、音を立てながら壊れていたからだ。一度は釣り合いを取り戻した甲板も、ねじくれ曲がった煙突や、デリックの残骸、壊れた垂木や梁に覆われて、ひどい混乱状態となっていた。

　もはや打つ手がないことを悟ったローゲは、総員退艦命令を発し、戦死者5名を除く全乗組員を助けようとした。アトランティスには少なくとも9発が命中していたが、最終的には1016時に自沈処分となった。短い戦闘が終わると、オリバー艦長はUボートの存在を警戒して、戦闘海域を離脱したため、ローゲを含む350名の生存者はそのまま洋上に取り残されてしまった。しばしの漂流生活を経て、ローゲ以下アトランティス乗員の大半はドイツ、イタリアの潜水艦に助けられて、新年にはフランスに帰り着くことができたのである［訳註26］。

万事休す。偽装がばれたアトランティスは煙幕を展帳しつつ、最大戦速で逃げようと試みた。しかし、イギリス側の優れた射撃指揮能力が、すぐさま猛烈な打撃を加え、アトランティスは自沈のやむ無しに至ったのである。（著者所有）

訳註26：重巡デヴォンシャーに発見された当時、U-126の艦長はアトランティスに乗船していたため、U-126は艦長不在のまま急速潜航した。アトランティスに対する砲撃を、自艦への爆雷攻撃だと思い込んだU-126は深度100mまで潜航していたので、デヴォンシャーへの攻撃は不可能だった。救命ボートに分乗したアトランティスの生存者は、U-126に曳航されて、補給艦「ピトン」号に乗り継ぎ、同艦が撃沈された後は、救援に駆けつけたUボートの艦内に分乗して、約3週間の航海の後、フランスに帰投している。

統計と分析
Statistics and Analysis

　ドイツ海軍の仮装巡洋艦は、対費用効果の面でめざましい戦果を挙げている。1940年4月から1941年11月にかけての20ヶ月間に、7隻の仮装巡洋艦は合計97隻、65万8,976トンの連合軍船舶を撃沈ないし拿捕している。このうちアトランティス、オリオン、ピンギンの3隻は、各々が10万トンの戦果を挙げた。一方のイギリス海軍は対照的だ。作戦が始まってから1年間、イギリス海軍は仮装巡洋艦を1隻も仕留めることができず、ようやく捕捉しても、返り討ちに遭う寸前まで追い込まれている。仮装巡洋艦は極めて危険な敵だったのだ。この脅威に対抗して、イギリス海軍は巡洋艦と武装商船を投入しての掃討作戦を、1940年から翌年にかけて、合計6回展開しているが、はっきりと成功したと評価できるのは2回に留まっている。これに対し、ドイツ海軍が正規の軍艦を投入した通商破壊作戦は、1939年から41年にかけて7回実施されているが、犠牲となった商船の数は58隻、32万1,236トンである。このうち10万トンの撃沈スコアを記録できたのは、ポケット戦艦アドミラル・シェーアだけである。

　仮装巡洋艦を排除しようというイギリス海軍の試みは、最初の1年については無様という他ない。このとき、イギリス海軍では、商船の主要航路に沿って巡洋艦を遊弋させていれば、通商破壊艦が次々と網にかかるだろうと期待していた。しかし実際は、南大西洋からインド洋、太平洋という広大な海域に睨みを利かせるには、巡洋艦の数はあまりにも少なく、適切な哨戒活動を行なえる船が実は手元にほとんどなかったのである。海外司令部でも、手持ちの巡洋艦を数週間もかかる哨戒任務に投入するよりは、補給が容易な港湾の近海のみに行動を留めたがる傾向が強かった。〈QQQ信号〉を受けるや、即座に最寄りの巡洋艦1～2隻を現場海域に急行させて、通商破壊艦を捜索するという事前に取り決めがあった戦術も、到着に時間がかかりすぎて役には立たなかった。もう少し付け加えるならば、哨戒活動中の巡洋艦と、沿岸の基地から発進する偵察機、そして敵の通信を傍受、解析する海軍情報部、これら3者の連携も、開戦当初はちぐはぐで、改善の効果が見られたのは1941年中盤になってからという状態だった。だから、通商破壊艦がインド洋で活動するのに不可欠な、ドイツ海軍の洋上補給ネットワークの重要性に海軍本部が気づくまでは、有効な手立てが見つからなかったのである。しかし、Y部隊による「近海」暗号通信の解読成功が転機となった。これによりイギリス海軍は、ドイツの補給艦に狙いを絞れるようになったからだ。さらに、適切な能力を備えた洋上長距離偵察機の数が揃い始め、接触時の安全確保手順が確立すると、仮装巡洋艦は主要航路付近での作戦が困難になり、イギリス海軍有利の状況は強化される。

　通商破壊艦は、かなりの頻度でイギリスの武装商船に遭遇しているが、武装商船は民間の客船を改造した船であり、遠目には犠牲となるべき獲物

にしか見えないし、主な活動海域も主要航路近辺だから、両者の遭遇が多いのは当然だろう。惜しむらくは、武装商船が単艦で仮装巡洋艦に挑むのではなく、これを追跡する役割に徹しきれなかったことだろう。武装商船の装備は、仮装巡洋艦に比べて明らかに劣っていた。仮装巡洋艦トールと、武装商船3隻の戦闘例が、この事実を浮き彫りにする。客船改造の武装商船は、たいていの場合、ドイツの仮装巡洋艦に速度こそ優っていたが、旧式化も甚だしい6インチ砲は、操作要員の技量も含め、ドイツ側とは比較にならなかったし、操艦技術でも互する存在とはならなかった。

イギリスの正規巡洋艦は、仮装巡洋艦より強力ではあるが、それが役に立つのは先に仮装巡洋艦を発見し、終始、主導権を握っている場合に限られる。1941年には、3隻の巡洋艦がドイツ仮装巡洋艦との戦いを経験しているが、この中でマンウォーニング、バーネットの両艦長は敵に有利なお膳立てを整えるのを許し、自艦を破滅的な危険にさらすことになった。英独双方に平等な条件としては、水上偵察機を巧みに活用した側が、接触を回避するかどうかの判断も含めて、遭遇時の状況を有利に整えることができたことだ。ドイツの艦長は、突発的な遭遇を避けることを望んで、積極的に水上機を用いたが、洋上での使用が長引けば、失われたり損傷してしまうことが多く、そうでなくても故障がちになるのを避けられない。

では、1940年から1941年にかけての時期、ドイツ仮装巡洋艦とイギリスの正規巡洋艦、どちらが勝者と呼ぶのにふさわしい存在なのだろうか。損害比率を基準とすれば、ドイツ海軍に軍配を上げるべきだろう。貨物船改造の仮装巡洋艦3隻と引き替えに、商船97隻、巡洋艦2隻を排除しているからだ。失われた仮装巡洋艦3隻についても、乗組員の大半が戦死したのはピンギンだけで、アトランティスの生存者はUボートの助けを得て本国に帰還しているし、コルモランの乗組員は戦時捕虜としてオーストラリアに拘留されながらも、戦争を生き延びている。損害比率に関する数字以外の影響も大きい。仮装巡洋艦の跋扈によって、主戦場から遠く離れたインド洋などの遠洋航路が脅かされたイギリス海軍は、手持ちの巡洋艦のうち約半数をヨーロッパから遠く離れた海域に投入してでも、航路を守らなければならなくなった。しかしながら、ドイツ海軍としても初期投入戦力が帰投するか失われるかするにつれて、遠洋での通商破壊作戦を活発な状態で維持することができなくなり、1942年から43年にかけての通商破壊は、前年とは比較にならないほど低調になってしまった。イギリス海軍の対抗策が功を奏し始めると同時に、仮装巡洋艦の稼働隻数が減少した結果、脅威は無視して差し支えないレベルにまで低下した。総合すると、第2次世界大戦の初期にドイツ海軍が展開した仮装巡洋艦による通商破壊は、作戦、戦術の両面でイギリスを翻弄し、多大な負担を押しつけることに成功したが、それを戦略的な勝利に結びつけるまで継続する体力は、ドイツ海軍になかったと評価できるだろう。

コルモランの砲手はシドニーの水線付近を狙い撃ちしていた。シドニーの船体中央部からカタパルトにかけての水線付近には、4発の命中痕が集中している。高性能榴弾では3.5インチ厚の舷側装甲帯を貫通できなかったが、もし充分な装甲が施されていなかったら、仮装巡洋艦の備砲はまた違った結果をもたらしていたに違いない。（シドニー発見協会）

戦いの余波
Aftermath

1941年12月、洋上で作戦中の仮装巡洋艦は1隻もいなかった。1940年〜1941年にかけて、わずか7隻の仮装巡洋艦が達成した大戦果を認めつつも、ドイツ海軍は第2波を送り込むのに積極的な姿勢を見せず、その間に、イギリス海軍は迎撃態勢を整えて待ち構えていたのである。索敵レーダーを搭載したイギリス哨戒巡洋艦隊がデンマーク海峡に展開してしまうと、通商破壊艦は、この海峡を通過して大西洋に抜けることが難しくなり、ドイツの港から出航した後は、イギリス海峡を通過する他なくなってしまった。この場合、最大限の情報統制を施しても、護衛に付くドイツ海軍小艦艇や空軍機の動きから、イギリスは通商破壊艦の移動を簡単に察知できた。単なる貨物船1隻の護衛に、このような大がかりな動きが伴うはずがないからだ。

それでも、再補給と偽装を受けたトールは、イギリス海峡を突破して南大西洋に到達した最初の仮装巡洋艦となった。アトランティスが撃沈されてから8週間後、1942年1月のことである。トールは索敵レーダーを搭載していたこともあって、南大西洋で商船5隻を仕留めるのに成功し、次いでインド洋に進出している。1942年1月から9月にかけて、トールは商船10隻、計5万5,580トンを撃沈ないし拿捕した後、日本に寄港している。ところが横浜港で補給を受けている際に、隣接して停泊していた補給艦の爆発事故に巻き込まれて、トールは廃船となってしまった [訳註27]。

トールの成功に続き、海軍作戦局は2隻の新型通商破壊艦の投入に動き出した。1942年3月には仮装巡洋艦ミカエルが海峡を突破して、南大西洋とインド洋に346日間も留まり、日本に退避するまでの間に商船15隻、9万9,000トンを沈めている。1942年5月には仮装巡洋艦シュティーアが続き、1942年9月27日にアメリカのリバティ船 [訳註28]「ステファン・ホプキンス」号と交戦して大破するまでに、南大西洋で商船4隻を沈めている。かつては、商船が通商破壊艦に戦いを挑むことはまれであり、仮に蛮勇を発揮しても返り討ちに遭うのが常だった。しかし、ステファン・ホプキンス号の乗組員は、シュティーアが砲門を開いても降伏を拒絶したのである。結果として、彼らは30分にわたり砲火を交わし、両艦は浮かぶ残骸同然の姿となった。シュティーアも自沈するのが精一杯だった。1942年10月には、コメートが2度目の作戦航海に赴いたが、海峡突破中にイギリスの魚雷艇によって撃沈され、乗組員全員が戦死した。

1941年12月以降、日本軍の攻撃によって、イギリス海軍は極東の足場をほぼ喪失していたが、海軍本部は1942年中盤までに装備を一新して、ドイツの仮装巡洋艦に対する備えを大幅に強化していた。ピンギンやコルモランに乗り組んでいた捕虜からの情報によって、仮装巡洋艦が採用していた戦術の内容が明らかになる一方、Y部隊による通信傍受もドイツ海軍

訳註27：1942年11月30日、横浜港に停泊していたトールは、並んで停泊していた補給艦「ウッカーマルク」号（旧アルトマルク）の爆発事故に巻き込まれて廃艦となった。事故に伴うトールの乗組員や港湾関係者の死傷者数は102名に達している。爆発の原因は今日まで不明。事故当時、横浜には戒厳が宣告されたために、目撃者以外、一般に知られる事はなかった。ドイツ海軍の兵士たちは終戦まで箱根の旅館に逗留することになり、地元住民との交流の記録も多く残されている。

訳註28：1941年からアメリカで大量建造された戦時輸送船で、画期的なブロック工法と溶接結合によって、終戦までに2600隻を超える驚くべき生産数を記録した。

海底に沈んでいる軽巡シドニーの救命ボート。沈没時には少なからぬ乗組員が生存していたと考えるのが自然だが、オーストラリア海軍は戦闘の結果に5日間も気づかずにいたため、生存者の捜索は絶望的に遅れてしまい、洋上に放り出された乗組員を誰も助けることができなかった。1945年には、日本の潜水艦による雷撃で、アメリカ海軍の重巡「インディアナポリス」が同じような状況に陥り、無線使用を禁じられていた同艦は、多くの犠牲者を出してしまった。（シドニー発見協会）

の洋上補給網を締め上げ続けている。配下の商船には、すべて新しい識別コードが割り当てられ、沿岸基地との情報連携によって、不審船を発見したイギリス巡洋艦は容易にその正体を識別できるようになった。ロッキード・ハドソン長距離偵察機や、PBYカタリナ飛行艇のような優れた偵察機の導入により、哨戒範囲もずっと拡大し、海域を問わず沿岸周辺での通商破壊の頻度はほぼゼロになった。最後になるが、1942年になるとイギリス海軍はケルゲレン諸島などドイツの通商破壊艦が泊地として使用しそうな海域に機雷を敷設すると同時に、観測部隊を残すようになっている。1942年にはまだインド洋や南大西洋での通商破壊が続いてはいたが、獲物の発見は以前とは比較にならないほど困難であり、洋上補給を受けるのも一苦労といった有様になっていた。勢い、日本の港湾をあてにするようになるのも自然な流れだろう。

　1943年1月、洋上作戦に就いている唯一の通商破壊艦となったミカエルは、日本を目指して航行中だった。同じ頃、海軍作戦局はコロネルとハンザの2隻にイギリス海峡を突破しての出撃を命じていたが、海軍最後の仮装巡洋艦となる2隻の動向は、イギリス海軍情報部にはっきりとキャッチされていた。1943年2月、まずコロネルが海峡突破を試みたが、沿岸砲と空襲によって大破し、外洋作戦は不可能になってしまった。4ヶ月前にコメートと乗組員全員が失われた結果と併せれば、海軍作戦局がイギリス海峡を突破しようという考えを捨ててしまうのもやむを得ないだろう。こうして最後の仮装巡洋艦となったミカエルは、日本で補給と修繕を受けると、最後の作戦航海に乗り出して3隻の商船を沈めたが、1943年9月に

はアメリカの潜水艦によって撃沈されてしまう。以上のように、1942年から1943年にかけて活動した後期の仮装巡洋艦6隻は、商船32隻、21万4,000トンを仕留めているが、4隻を喪失している。この時期の通商破壊艦を排除するにあたっては、イギリスの巡洋艦隊は補助的な役割しか果たしていない点に注目すべきだろう。これはイギリスが危険海域に巡洋艦を遊弋させて敵を待ち構える伝統的な商船保護戦術を捨て、情報と作戦の秘匿性、海軍および空軍関連部隊の連携などを統合した防衛システムを導入した成果である。

　エニグマ暗号の解読によって得られたウルトラ情報が、仮装巡洋艦を支えていた洋上補給システムを破壊していたという事実は、戦後、1980年代まで秘匿され続けていた。ローゲやデトメルス、イーセンなど、一部の艦長は、仮装巡洋艦での戦いの日々を手記に残しているが、作戦の詳細については曖昧にしている部分も多い。これは秘匿作戦に長い間従事してきたことによる習慣も反映しているだろうが、戦争犯罪の主張に備えた予防とも受け取れる。とりわけ、デトメルスに関してはシドニー沈没の際にオーストラリア水兵を皆殺しにしたのではないかという疑いが持ち上がったこともあって、動向が注目された。今でも、シドニーのような強力な軍艦が仮装巡洋艦によって撃沈されたという事実を多くのオーストラリア人が受け入れられないでいる。日本の潜水艦が派遣されていて、シドニーにトドメを刺したのだというような突拍子もない風説が、今でもたびたび話題になるほどだ。2008年3月にはオーストラリア西岸沖でシドニーとコルモランの残骸が発見され、60年近い時間を経て、両艦の対決がどのようなものだったのか、ようやく明らかにされたのである。

参考文献
Further reading

ドイツ軍から押収した次の文書は、アメリカ国立公文書記録管理局（NARA）で参照できる。

Mobilmachungsplan Marine Sonderanlage,January 1938,T-608,Roll 3
Records of the Hilfskreuzer Atlantis,1940-41,T1022,Rolls 2945,3130,3131,and 3162
Records of the Hilfskreuzer Kormoran,1941,T1022,Roll 3052
Records of the Hilfskreuzer Orion,1940-41,T1022,Roll 3134
Records of the Hilfskreuzer Pinguin,1940-41,T1022,Roll 3133-34
Records of the Hilfskreuzer Thor,1940,T1022,Roll 2943
Records of the Hilfskreuzer Widder,1940,T1022,Roll 3047-48

【文献】
C.B.4051（28）Report of Interrogation of Prisoners of War from Germany Supply Ships,September 1941,Naval Intelligence Division,N.I.D.2 114/41
Coward,Roger,Sailors in Cages,London,Macdonald & Co.（1967）
Eyssen,Robert,Hilfskreuzer Komet,Munich,Wilhelm Heyne Verlag（1960）
Mohr,Ulrich,Phantom raider,Bristol,Cerberus Publishing（2003）
Muggenthaler,August Karl,German Raiders of World War II,Englewood Cliffs,NJ,Prentice-Hall Inc.（1977）
Olson,Wesley,Bitter Victory: The Death of HMAS Sydney,Annapolis,MD,Naval Institute Press（2003）
Schmaldenbach,Paul,German raiders: A history of auxiliary cruisers of the German navy,1895-1945,Annapolis,MD,Maval Institute Press（1979）
Slavick,Joseph P.,The Cruise of the German Raider Atlantis,Annapolis,MD,Naval Institute Press（2003）
Waters,S.D.,The Royal New Zealand Navy,Wellington,Historical Publications（1956）
Winton,John,Ultra at Sea,New York,William Morrow & Company（1988）
Woodward,david,The secret raiders: The story of the German armed merchant raiders in the Second World War,New your,W.W.Norton（1955）

【ウェブサイト】
www.findingsydney.com
仮装巡洋艦コルモランと巡洋艦シドニーの戦いに関する写真や情報が豊富なオーストラリアのウェブサイト。海底調査で発見された残骸の写真も多数掲載されている。
www.naval-history.net/index.htm
イギリス海軍巡洋艦の移動や作戦行動に関する詳細を記載したイギリスのウェブサイト。

◎訳者紹介 | 宮永 忠将

上智大学文学部卒業。東京都立大学大学院中退。シミュレーションゲーム専門誌「コマンドマガジン」編集を経て、現在、歴史、軍事関係のライター、翻訳、編集、映像監修などで幅広く活動中。「オスプレイ"対決"シリーズ2 ティーガーI重戦車vs.ファイアフライ」「オスプレイ"対決"シリーズ8Fw190シュトゥルムボックvs.B-17フライング・フォートレス」など、訳書多数を手がけている。

オスプレイ"対決"シリーズ　10

ドイツ仮装巡洋艦 vs イギリス巡洋艦
大西洋／太平洋1941

発行日	2011年3月28日　初版第1刷
著者	ロバート・フォーチェック
訳者	宮永忠将
発行者	小川光二
発行所	株式会社 大日本絵画 〒101-0054　東京都千代田区神田錦町1丁目7番地 電話：03-3294-7861 http://www.kaiga.co.jp
編集・DTP	株式会社 アートボックス http://www.modelkasten.com
装幀	八木八重子
印刷/製本	大日本印刷株式会社

© 2009 Osprey Publishing Ltd
Printed in Japan
ISBN978-4-499-23046-9

GERMAN COMMERCE RAIDER VS BRITISH CRUISER
The Atlantic & The Pacific 1941

First published in Great Britain in 2010 by Osprey Publishing,
Midland House, West Way, Botley, Oxford OX2 0PH, UK
All rights reserved.
Japanese language translation
©2011 Dainippon Kaiga Co., Ltd

内容に関するお問い合わせ先：03(6820)7000　㈱アートボックス
販売に関するお問い合わせ先：03(3294)7861　㈱大日本絵画